技工院校实训基地人才培养一体化模块教材

维修电工基础

人力资源和社会保障部教材办公室组织编写

中国劳动社会保障出版社

简　介

本书主要内容有：电工基础知识、电子技术基础知识、常用电工仪器仪表使用知识、电工材料选型基础知识、安全知识、钳工基础知识、其他相关知识、职业道德和相关法律法规。

图书在版编目（CIP）数据

维修电工基础/朱伟主编．—北京：中国劳动社会保障出版社，2014
技工院校实训基地人才培养一体化模块教材
ISBN 978-7-5167-1461-4

Ⅰ.①维…　Ⅱ.①朱…　Ⅲ.①电工-维修-技工学校-教材　Ⅳ.①TM07

中国版本图书馆 CIP 数据核字（2014）第 248592 号

中国劳动社会保障出版社出版发行
（北京市惠新东街 1 号　邮政编码：100029）
*
河北鹏盛贤印刷有限公司印刷装订　新华书店经销

787 毫米×1092 毫米　16 开本　9.75 印张　218 千字
2014 年 11 月第 1 版　　2021年5月第7次印刷
定价：18.00 元

读者服务部电话：（010）64929211/84209101/64921644
营销中心电话：（010）64962347
出版社网址：http://www.class.com.cn
http://jg.class.com.cn

技工院校实训基地人才培养一体化模块教材编委会

编审人员

本书主编：朱　伟
本书参编：吴　静　赵庆伟　郭中益
本书主审：肖　俊

前言

Preface

为了进一步发挥技工院校在技能人才培养方面的作用，切实满足企业对技能型人才的需求，人力资源和社会保障部教材办公室组织有关学校的骨干教师和行业、企业专家，在充分调研技工院校实训基地人才培养和培训模式以及企业技能人才需求的基础上，吸收和借鉴当前较为成熟的人才培养理念，编写了技工院校实训基地人才培养一体化模块教材。

使用说明

本套教材分为基础模块和专业核心模块（见下图）。其中专业核心模块教材根据国家职业技能鉴定标准中的初级、中级和高级要求设计有相对应的初级模块教材、中级模块教材和高级模块教材。实训基地可根据需要按照“基础模块＋专业核心模块”组合模式选择相应的教材。

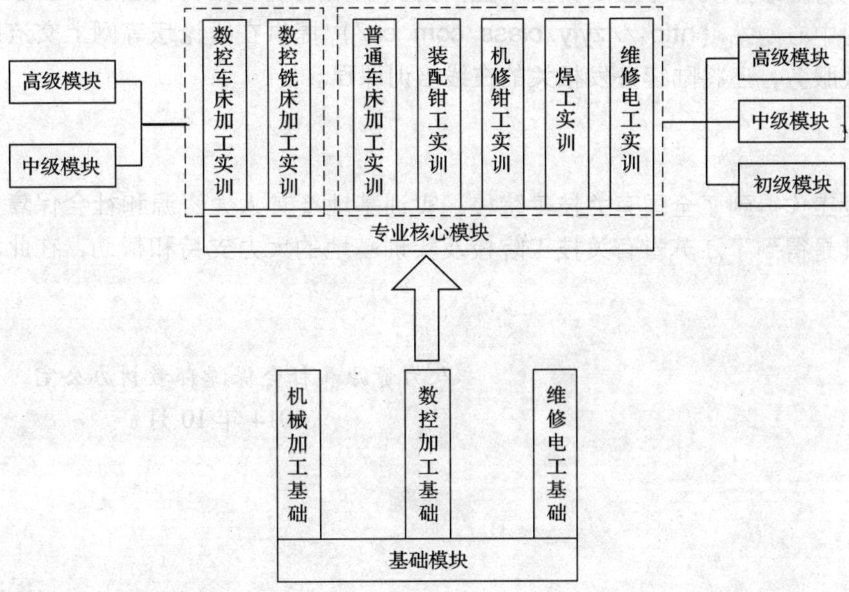

编写特色

◆与职业技能鉴定接轨

教材的编写以车工、数控车工、数控铣工、装配钳工、机修钳工、焊工、维修电工等国家职业技能标准为依据，涵盖国家职业技能标准（初、中、高级）的知识和技能要求，内容具有权威性。为了帮助学员熟悉职业技能鉴定考核形式及考题类型，每种专业核心模块教材均附有3～5套职业技能鉴定模拟试卷（包含理论知识试卷和技能操作试卷），并配有相应的参考答案。

◆与企业需求接轨

教材在编写中充分考虑企业的培训和用人需求，尽量选取企业真实的、有代表性的操作案例，整合相应的知识和技能，构建一体化教学模块，实现理论与操作技能的统一，既符合职业教育和职业培训的基本规律，又有利于培养学员分析问题和解决问题的综合职业能力。

◆保证先进性和规范性

教材根据相关专业领域的最新发展，编入了新知识、新技术、新设备、新材料等方面的内容，保证教材的先进性。同时采用最新的国家技术标准，使教材更加科学和规范。

读者对象

本套教材既可作为技工院校实训基地技能人才培养和培训用书，还可作为企业、社会培训机构的技能培训用书以及职业技术院校师生的专业用书。

后续拓展

作为补充，我们将陆续开发各专业高新技术应用方面的拓展模块教材，通过职业教育教学资源和数字学习中心网站（http://zyjy.class.com.cn/）提供在线论坛等网上交流以及相关教学资源下载服务，还将陆续开发相关的在线培训课程。

致谢

本套教材的开发工作得到了全国有关技工院校、实训基地及其人力资源和社会保障主管部门的支持，尤其是得到了江苏省有关技工院校及实训基地的大力支持和帮助，在此我们表示诚挚的谢意。

人力资源和社会保障部教材办公室

2014 年 10 月

目 录

CONTENTS

第五章 安全知识

第六章 钳工基础知识

第七章 其他相关知识

第八章 职业道德和相关法律法规

第一章 电工基础知识

第一节　直流电基础知识

学习目标

1. 熟悉直流电、电功及电功率的基本概念。
2. 掌握电阻的串联、并联和混联的简单计算。
3. 熟悉基尔霍夫定律。

一、直流电的基本概念

1. 电荷

电荷是物质、原子或电子等所带的电的量，单位是库仑。电荷有正电荷与负电荷两种。自然界的物质都由分子或由原子直接构成，而分子又由原子构成，原子由一个带正电荷的原子核和若干带负电荷的电子组成，原子核由带正电荷的质子和不带电的中子构成，电子围绕原子核做高速旋转，不同的物质的原子结构不同，它们所具有的电子数目也不同，如图 1—1 所示为碳原子的结构示意图。通常情况下，原子核中的质子数和外围电子数相等，所以物体对外显电中性，当物体获得电子或失去电子时，物体就将带电。电荷具有同性相斥、异性相吸的特性。

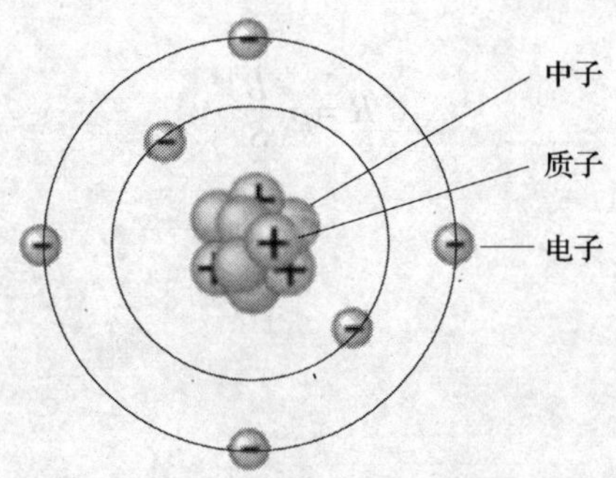

图 1—1　碳原子结构示意图

2. 电流

电荷的定向移动就形成了电流，电流是矢量，不但有大小而且有方向，根据习惯规定正电荷移动的方向为电流的方向，而将单位时间中通过导体任意一个截面的电荷量（用符号 q 表示，单位是库仑，C）的多少称为电流强度（用符号 I 表示，单位是安培，A）。

$$I=\frac{q}{t}$$

式中 I——电流，A；

q——电荷量，C；

t——时间，s。

常用的电流单位还有毫安（mA）和微安（μA）。它们的关系如下：

$$1\ \text{A}=1\ 000\ \text{mA}$$

$$1\ \text{mA}=1\ 000\ \mu\text{A}$$

电流有直流和交流之分，大小和方向不随时间变化的电流称为稳恒电流即直流电，如干电池、蓄电池、直流发电机发出的电流等；大小和方向随时间，按一定规律做周期性变化的电流称为交流电流，如平时所用的市电就是交流电流。

3. 电阻

（1）电阻的概念

当电流通过金属导体时会遇到阻力，将导体对电流的阻碍作用称为电阻。任何导体都有电阻，电阻用符号 R 表示，电阻的单位是欧姆，简称欧，用 Ω 表示。比欧姆大的单位是千欧（kΩ）和兆欧（MΩ），它们之间的关系为：

$$1\ \text{k}\Omega=1\ 000\ \Omega$$

$$1\ \text{M}\Omega=1\ 000\ \text{k}\Omega$$

（2）导体与绝缘体

物体电阻的大小反映了物体的导电能力，根据导电能力的大小将物体分成导体与绝缘体等，把容易导电的物体称为导体，如金、铜、铝、铁等；把不易导电的物体称为绝缘体，如玻璃、塑料、云母等；把导电能力介于导体和绝缘体之间的物体称为半导体，如硅、锗等。

（3）导体的电阻

实验证明，导体的电阻由导体的物理性质、几何尺寸及导体的温度等因素决定。对于由某材料制成的、横截面均匀的导体，它的电阻 R 与长度 L 成正比，与横截面积 S 成反比，可用公式表示为：

$$R=\rho\frac{L}{S}$$

式中 R——电阻，Ω；

ρ——电阻率，Ω·m；

L——长度，m；

S——面积，m^2。

（4）电阻的温度系数

导体的电阻与温度有关，利用这一特性，可以制造出热敏电阻。根据热敏电阻随温度变化的关系不同，将热敏电阻分成两类，当温度升高时，电阻变大的称为正温度系数型；温度升高电阻却减小的称为负温度系数型。金属导体的电阻随温度的升高而增加，但不同的金属导体，其电阻增加的程度是不同的。金属导体的电阻的变化，可近似地认为与温度的变化成正比，用温度系数（用符号 α 表示）来描述导体的电阻随温度的变化关系，若温度为 t_1 时电阻值是 R_1，温度为 t_2 时电阻值是 R_2，则电阻的温度系数：

$$\alpha = \frac{R_2 - R_1}{R_1 (t_2 - t_1)}$$

4. 电位、电压与电动势

(1) 电位

在电路中定义一个电位零点，称为参考点，通常将大地作为参考点，电路中某点与参考点之间的电压值称为电位，电位是一个相对量，它随参考点的不同而变化。电位用符号 U 表示，单位是伏特，简称伏（V）。

(2) 电压

电路中任意两点的电位差称为电压，电压的方向是由高电位点指向低电位点，电压是一个绝对量，它不随参考点的不同而变化。

电压用符号 U 表示，它的单位是伏特，简称伏（V）。常用的电压单位还有千伏（kV）、毫伏（mV）、微伏（μV），它们之间的关系为：

$$1\ \text{kV} = 1\,000\ \text{V}$$

$$1\ \text{V} = 1\,000\ \text{mV}$$

$$1\ \text{mV} = 1\,000\ \mu\text{V}$$

(3) 电动势

电动势是表示电源把其他形式的能量转变成电能的本领的物理量，其数值等于不接负载时电源正、负两极间的电位差，用符号 E 表示，单位是伏特（V）。

5. 电路

电流流经的路径称为电路。它由电源、负载、开关、连接导线等中间环节组成。电源是电路中电能的来源，负载就是各种用电设备，负载将电能转换为其他形式的能量，如电灯、电动机等，连接导线是电源和负载之间的路径，开关起控制电能的作用。

电路分为外电路与内电路，电源内部的通路称为内电路；而电源外部的电路称为外电路。

电路有通路、开路、短路三种状态。其中短路常为故障状态，要避免发生。

6. 欧姆定律

(1) 部分电路的欧姆定律

一段电路上的电流强度 I 跟这段电路两端的电压 U 成正比，跟这段电路的电阻 R 成反比，这一结论叫做部分电路的欧姆定律，用公式表示为：

$$I = \frac{U}{R}$$

式中 U——电压，V；

R——电阻，Ω；

I——电流，A。

从上面公式可看出，在电流强度、电压、电阻三个物理量中，只要知道了其中任意两个量，就可算出第三个量。

(2) 全电路的欧姆定律

含有电源的闭合电路称为全电路，如图 1—2 所示为最简单的全电路。图中虚线框内是电源的等效电路，E 为电源电动势，r_0 是电源的内电阻。当开关闭合时，电路中的电流 I 和电动势 E、电源内阻 r_0、外电阻 R 的关系称为全电路的欧姆定律，用公式表示为：

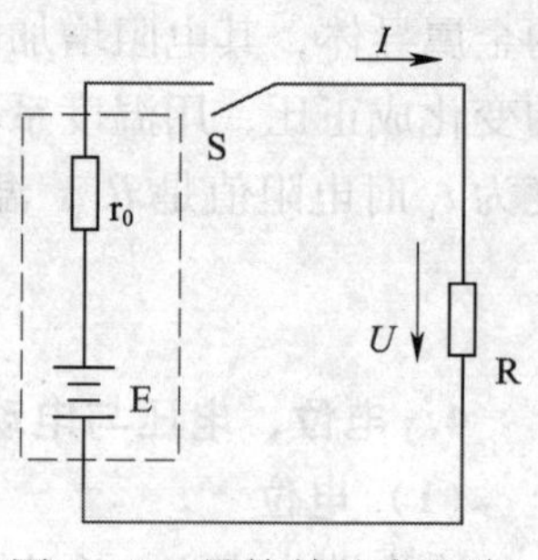

图 1—2　最简单的全电路

$$I=\frac{E}{R+r_0}$$

式中　I——电流，A；

E——电动势，V；

r_0——电源内阻，Ω；

R——外电阻，Ω。

由全电路的欧姆定律可知，电路里的电流跟电源的电动势成正比，跟整个电路的总电阻成反比。

电源的端电压，随电流的增大而下降，这是由于电源内阻的电压降所造成的，因此电流越大，电源内阻压降也就越大，为了提高电源的负载能力一般要求电源的内阻越小越好。

当电源的内阻很小（相对负载电阻）时，内阻压降可忽略不计，近似认为电源的端电压 U 和电源的电动势 E 相等。由于电源内阻很小，若发生短路，将产生很大的短路电流，导致电源损坏，还会引起火灾，所以电源在使用中严禁短路。

二、电功及电功率

1. 电功率

电流通过电灯发光，通过取暖器产生大量的热，通过电动机带动车床工作等，这些都说明电流做了功。单位时间内电流所做的功叫电功率，用 P 表示，单位是瓦特，简称瓦（W）。比瓦更大的单位是千瓦（kW），它们之间的关系是：

$$1\ \text{kW}=1\ 000\ \text{W}$$

如果电阻两端的电压是 U，流过电阻的电流是 I，电阻的大小是 R，则计算电功率的公式有以下 3 种形式。

（1）$P=UI$。由公式可知，负载承受的电压越高、流过负载的电流越大，则电功率越大。

（2）$P=I^2R$。由公式可知，电阻的电功率和流过它的电流的平方成正比。

（3）$P=U^2/R$。由公式可知，当电路的电阻一定时，电阻的电功率与电阻两端电压的平方成正比。

2. 电功

电功就是电流在一段时间内所做的功，用符号 W 表示，电功的单位是焦耳，简称焦，用 J 表示。电功与电功率的关系为：

$$W=Pt$$

式中　W——电功，J；

P——功率，W；

t——时间，s。

在实际应用中也用千焦（kJ）作单位。电能更常用的单位还有千瓦时（kW·h），又称为度，它们之间的关系是：

$$1\text{ 度} = 1\text{ kW}\cdot\text{h} = 3\,600\text{ kJ}$$

三、电阻的串联、并联和混联

在各种实际电路中，电阻的连接有 3 种基本形式：串联、并联和混联。

1. 电阻的串联

将几个电阻一个接一个地连接起来，组成无分支的电路，就是电阻的串联，串联电路通常起分压作用，如图 1—3 所示。

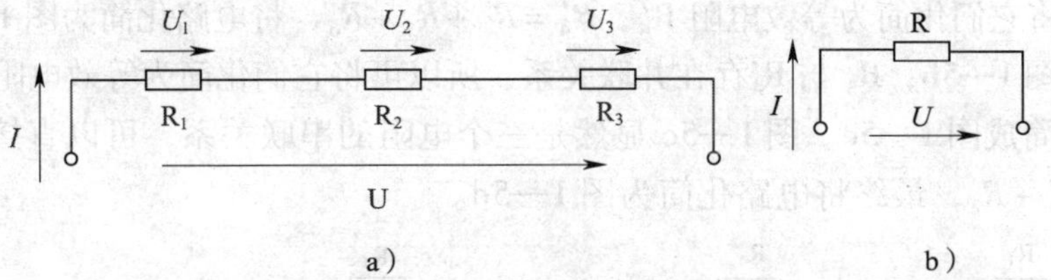

图 1—3　电阻的串联

a）电路图　b）等效电路图

串联电路有以下特点。

（1）电路的总电阻为各电阻之和，即：$R = R_1 + R_2 + R_3$。

（2）电路的总电压等于各电阻上的分电压之和，即：$U = U_1 + U_2 + U_3$。

（3）流过各电阻的电流相等。

（4）电阻上分配的电压与电阻的大小成正比，即：$U_1 : U_2 : U_3 = R_1 : R_2 : R_3$。

（5）等效电阻的总功率等于各分电阻上的功率之和，即：$P = P_1 + P_2 + P_3$。

2. 电阻的并联

将几个电阻的两端分别连在一起的方式称为电阻的并联。并联电路通常起分流作用，如图 1—4 所示。

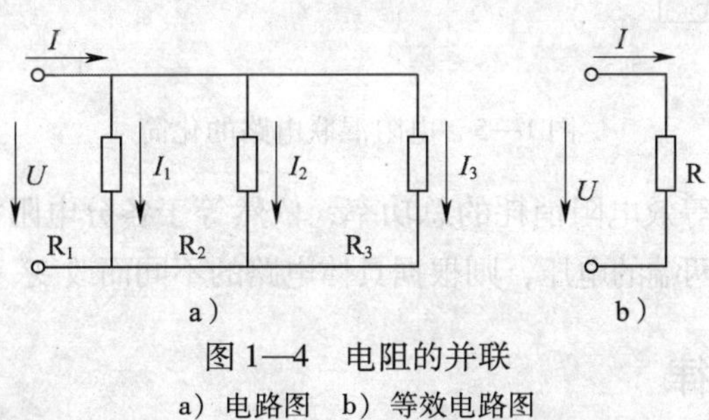

图 1—4　电阻的并联

a）电路图　b）等效电路图

并联电路有以下特点。

（1）并联电路中各电阻两端的电压处处相等。

（2）电路的总电流为各支路电流之和，即：$I = I_1 + I_2 + I_3$。

（3）电路的等效电阻的倒数，等于各电阻的电阻值的倒数之和，即：

$$\frac{1}{R} = \frac{1}{R_1} + \frac{1}{R_2} + \frac{1}{R_3}$$

（4）流过各电阻的电流和电阻的电阻值成反比，即：

$$I_1 : I_2 : I_3 = \frac{1}{R_1} : \frac{1}{R_2} : \frac{1}{R_3}$$

（5）等效电阻消耗的总功率，等于各分电阻的功率之和，即：$P = P_1 + P_2 + P_3$。

3. 电阻的混联

电路中电阻元件既有串联又有并联的连接方式，称为电阻的混联，如图 1—5a 所示。

对于比较复杂的混联电路，能够通过化简求出电路的等效电阻，是掌握混联电路的关键。在化简时，首先要分清各电阻的关系，然后再通过不断的电路简化，最终求出等效电阻 R。例如，化简图 1—5a 所示的电阻混联电路，通过分析不难发现电阻 R_4、R_5、R_6 存在串联关系，所以首先将它们化简为等效电阻 R'_4，$R'_4 = R_4 + R_5 + R_6$，将电路化简为图 1—5b。

继续分析图 1—5b，R_3 与 R'_4 存在并联关系，所以可将它们化简为等效电阻 R'_3，$R'_3 = R_3 // R'_4$，将电路化简成图 1—5c。图 1—5c 显然是三个电阻的串联关系，可以直接求出等效电阻 R，$R = R_1 + R'_3 + R_2$，最终将电路化简为图 1—5d。

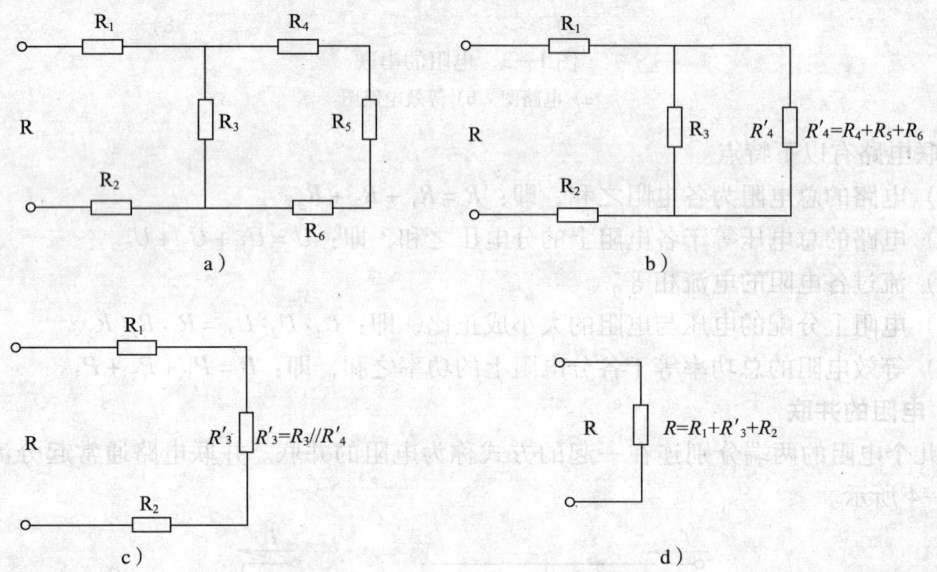

图 1—5　电阻混联电路的化简

在电阻混联电路中，等效电阻消耗的总功率，依然等于各分电阻消耗的功率之和，但流过各电阻的电流，以及电阻两端的电压，则根据具体电路的不同而改变，并无统一的计算公式。

四、基尔霍夫定律

基尔霍夫定律是电路中电压和电流所遵循的基本规律，是分析和计算复杂电路的基础。它既可以用于直流电路的分析，也可以用于交流电路的分析，还可以用于含有电子元件的非线性电路的分析。基尔霍夫定律包括基尔霍夫电流定律（KCL）和基尔霍夫电压定律（KVL），前者应用于电路中的节点而后者应用于电路中的回路。

支路：电路中每个元件就是一条支路。它由一个或几个串联的元件构成。

节点：三条或三条以上支路的连接点。

回路：电路中任何一个闭合的路径。

网孔：其内部不包含任何支路的回路。网孔一定是回路，但回路不一定是网孔。

1. 基尔霍夫第一定律

基尔霍夫第一定律又称为基尔霍夫电流定律，简记为 KCL，又称为节点电流定律，它的内容为：在任一瞬间，流进某一节点的电流之和等于流出该节点的电流之和。即：

$$\sum I_{入} = \sum I_{出}$$

根据 KCL 定律，如图 1—6 所示，对于节点有：

$$I_1 + I_3 = I_4 + I_2$$

KCL 定律不仅适用于电路中的节点，还可以推广应用于电路中的任一封闭面。即在任一瞬间，流入封闭面的电流之和等于流出该封闭面的电流之和。

如图 1—7 所示，图中虚线所示封闭面的电流有如下关系：

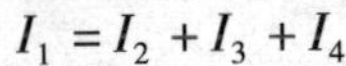

$$I_1 = I_2 + I_3 + I_4$$

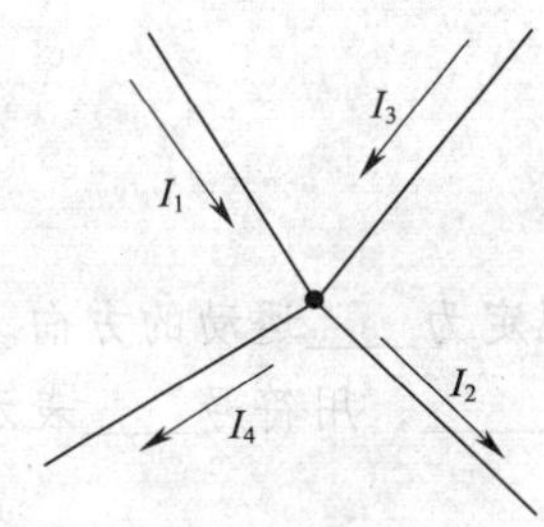

图 1—6　KCL 定律

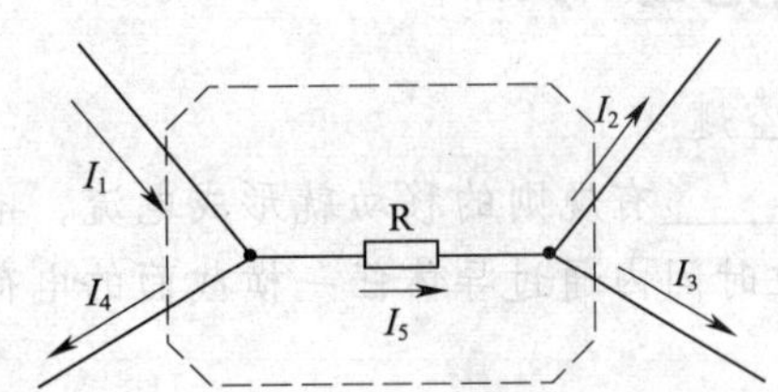

图 1—7　KCL 定律扩展应用

2. 基尔霍夫第二定律

基尔霍夫第二定律又称为基尔霍夫电压定律，简记为 KVL，基尔霍夫电压定律是确定电路中任意回路里，各电压之间关系的定律，因此又称为回路电压定律。它的内容为：在任一瞬间，沿电路中的任一回路绕行一周，在该回路上电动势之和恒等于各电阻上的电压降之和，即：

$$\sum E - \sum IR$$

KVL 定律是描述电路中，组成任一回路上各支路（或各元件）电压之间的约束关系，沿选定的回路方向绕行所经过的电路电位的升高之和等于电路电位的下降之和。回路的“绕行方向”是任意选定的，一般以虚线表示，如图 1—8 所示。在列写回路电压方程时通常规定，对于电压或电流的参考方向与回路“绕行方向”相同时，取正号，参考方向与回路“绕行方向”相反时取负号。

如图 1—8 所示电路中，根据 KVL 定律，得到：$E_2 - E_1 = I_1R_1 - I_2R_2$。

3. 应用基尔霍夫定律计算复杂电路的方法

对于复杂直流电路常用的分析方法有：支路电流法、回路电压法、节点电压法等，其中支路电流法是最基本的方法，所谓支路电流法，就是以支路中的电流为未知量，根据基尔霍夫第一和第二定律，联立方程组，求出各支路电流。用支路电流法分析电路的基本步骤如下。

（1）任意假设出各支路的电流参考方向。

（2）任意画出独立回路的绕行方向。

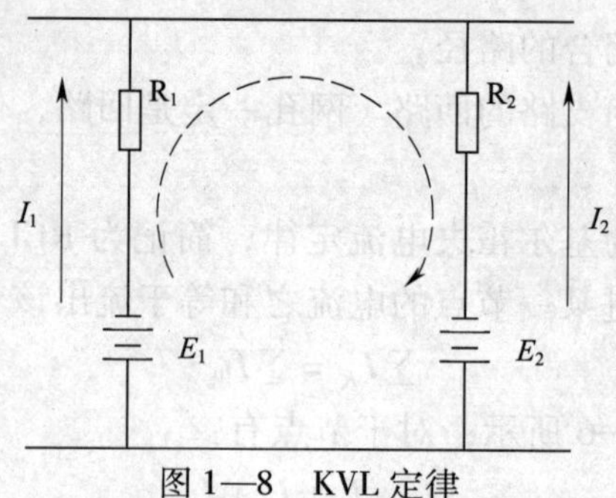

图 1—8　KVL 定律

（3）利用基尔霍夫第一定律，写出节点的电流方程，对于 m 个节点可以立 $m-1$ 个独立的节点方程，再利用基尔霍夫第二定律写出独立回路的电压方程。

（4）将节点电流方程和回路电压方程联立求解，代入已知数，即可得到各支路的电流值。

课后练习

一、填空题

1. ________有规则的移动就形成电流，电流的方向规定为____运动的方向。

2. 单位时间内通过导体任一横截面的电荷量称为________，用符号____表示，单位为________。

3. 电路通常有________、________和________三种状态。

4. 导体的电阻由导体的________、________及导体的温度等因素决定。

二、选择题

1. 电阻 R_1、R_2、R_3 串联后接在电源上，若电阻上的电压关系是 $U_1>U_3>U_2$，则三个电阻值之间的关系是（　　）。

A. $R_1<R_2<R_3$　　B. $R_1>R_3>R_2$　　C. $R_1<R_3<R_2$　　D. $R_1>R_2>R_3$

2. 电阻的大小与导体的（　　）无关。

A. 长度　　B. 横截面积　　C. 材料　　D. 两端电压

3. 电阻器反映导体对电流起阻碍作用的大小，简称（　　）。

A. 电动势　　B. 功率　　C. 电阻率　　D. 电阻

4. 电流强度为 1 A 的电流在 1 h 内通过导体某一横截面上的电荷量为（　　）C。

A. 1　　B. 60　　C. 3 600　　D. 360

5. 在一闭合电路中电源电动势等于 1.5 V，内阻上的压降等于 0.3 V，则电源两端的电压为（　　）V。

A. 1.5　　B. 1.8　　C. 1.2　　D. 1

三、判断题

1. 基尔霍夫定律是求解复杂电路中某条支路电流的唯一方法。（　　）

2. 当电阻两端的电压升高时，其电阻值增大。（　　）

3. 银比铜的导电性能差，所以一般不用银导线。（　　）

4. 基尔霍夫第一定律只能用于一个节点，不适用于一个封闭的面。（　　）

5. 在并联电路中，电阻越大，两端的电压越高。（　　）

四、计算题

1. 如果在 10 min 内均匀通过导线横截面的电荷量是 10 C，求导线中的电流强度是多少？

2. 某电源的电动势为 3 V，内阻 R_0 为 0.4 Ω，外接负载电阻 R 为 9.6 Ω，求电源端电压和内降压。

3. 长 100 m、横截面积为 3.4 mm^2 的铜导线，在 70℃时的电阻值是多少（已知铜的电阻率为 1.7×10^{-8} Ω·m，电阻温度系数为 0.004）？

4. 某电源两端接上 10 Ω 电阻，通过的电流为 150 mA；若两端接上 32 Ω 电阻，通过的电流为 50 mA。求该电源的电动势 E 和内电阻 r_0。

5. 有一台直流电动机，端电压为 220 V，通过电动机线圈的电流为 10 A，试求电动机运行 3 h 消耗多少度电？

6. 用 6 mm^2 铝线从车间向 150 m 处的临时工地送电。如果车间的电压是 220 V，线路上的电流是 20 A，铝的电阻率为 0.026×10^{-6} Ω·m。求线路上的电阻、电压、消耗的功率各为多少？临时工地上的电压是多少？

第二节　交流电基础知识

学习目标

1. 掌握交流电的基本概念。
2. 了解 RLC 串联电路。
3. 掌握三相交流电的产生原理及线电压与相电压的关系。

一、交流电的基本概念

1. 正弦交流电的概念

凡是大小和方向随时间做周期性变化的电压或电流，称为交流电压或交流电流。交流电压、交流电流、交流电动势统称为交流电，按正弦函数的规律变化的交流电压、交流电流、交流电动称为正弦交流电，如图 1—9 所示，其数学表达式为：

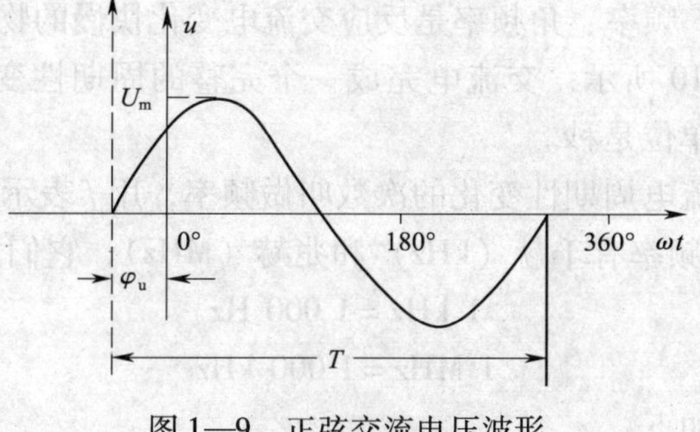

图 1—9　正弦交流电压波形

$$e = E_m \sin(\omega t + \varphi_e)$$
$$u = U_m \sin(\omega t + \varphi_u)$$
$$i = I_m \sin(\omega t + \varphi_i)$$

正弦交流电具有以下主要优点。

(1) 交流发电设备结构简单，交流发电机比直流发电机结构简单、制造成本低、工作稳定性好，且坚固耐用，维护方便。

(2) 交流电电能的传输和分配方便，交流电可直接利用变压器变压，得到不同大小的电压，在传输过程中可以通过升压变压器，将电压升高，以减少电路的损耗，在用户端，再用降压变压器降压，以满足低压用户使用的要求。

(3) 交流电可以通过整流得到直流电，使用的整流设备简单；而直流电变换成交流电需要通过逆变装置，设备复杂。

2. 正弦交流电的三要素

正弦交流电的最大值、频率、初相位称为正弦交流电的三要素。

(1) 正弦交流电的瞬时值、最大值、有效值

正弦交流电的瞬时值、最大值、有效值是反映交流电大小的物理量。

1) 瞬时值。由于正弦交流电是随时间按正弦规律不断变化的，所以电动势每一时刻的值都是不同的，把交流电在某一时刻的数值叫做瞬时值。电动势的瞬时值用 e 表示，电流的瞬时值用 i 表示，电压的瞬时值用 u 表示。

2) 最大值。瞬时值中最大的数值叫做最大值（又称为：幅值、峰值），用大写字母加下标 m 表示，如电压的最大值用 U_m 表示，电动势的最大值用 E_m 表示，电流的最大值用 I_m 表示。

3) 有效值。交流电流 i 通过电阻 R 在一定时间内产生的热量，和直流电流 I 通过 R 在相同的时间内产生的热量相同，这个直流电流 I 就是交流电的有效值。交流电的有效值和最大值之间的关系如下：

$$I = \frac{I_m}{\sqrt{2}}$$

$$U = \frac{U_m}{\sqrt{2}}$$

$$E = \frac{E_m}{\sqrt{2}}$$

(2) 正弦交流电的周期、频率、角频率

正弦交流电的周期、频率、角频率是反应交流电变化快慢的物理量。

1) 周期。如图 1—10 所示，交流电完成一个完整的周期性变化所需的时间叫做交流电的周期，用 T 表示，单位是秒。

2) 频率。1 s 内交流电周期性变化的次数叫做频率，用 f 表示，单位是赫兹，简称赫，符号是 Hz。比赫兹高的频率有千赫（kHz）和兆赫（MHz），它们之间的关系为：

$$1\ \text{kHz} = 1\ 000\ \text{Hz}$$
$$1\ \text{MHz} = 1\ 000\ \text{kHz}$$

频率与周期的关系如下：

$$f = \frac{1}{T}$$

式中 f——频率，Hz；

T——周期，s。

3）角频率。交流电在 1 s 内所变化过的角度叫做角频率，用 ω 表示，单位是弧度/秒（rad/s）。周期、频率及角频率三者关系为：

$$\omega = 2\pi f$$

式中 ω——角频率，rad/s；

f——频率，Hz。

（3）正弦交流电的相位、初相位、相位差

1）相位。交流电的瞬时表达式 $e = E_{\mathrm{m}}\sin(\omega t + \varphi e)$ 中 $(\omega t + \varphi e)$ 称为相位。

2）初相位。当 $t = 0$ 时刻的相位称为初相位，用：φ_0 表示，一般要求 $|\varphi_0| < 180°$。

3）相位差。两个相同频率交流电的相位之差，称为相位差，即：$\varphi = \varphi_1 - \varphi_2$。

当两个同频率的交流电相位差是 0 时，表示两个交流电同相；如果相位差是 π/2，两个交流电正交；相位差是 π，两个交流电反相。

（4）正弦交流电的相量表示方法

将既有大小也有方向的量称为相量或矢量。

在图 1—10 左边圆形中，正弦交流电每经过一个时间 t，就有相应的角度和瞬时值与圆中的有向线段对应，则圆中的有向线段就是某时刻交流电的相量。用 $\dot{U}$ 表示电压相量、用 $\dot{E}$ 表示电动势相量、用 $\dot{I}$ 表示电流相量。

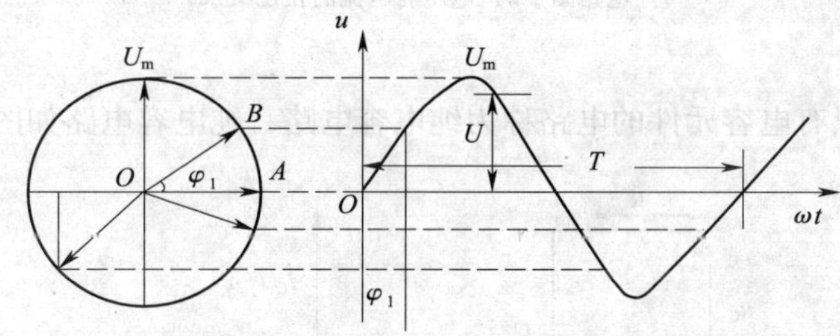

图 1—10 正弦交流电的相量表示法

交流电路中，经常遇到两个及以上交流电的相量（电压、电动势或电流）相加或相减的情况。相量的相加可利用平行四边形法则求解，如图 1—11 所示。当某相量减去另一个相量时，可以用一个反方向的相量和它相加。如图 1—11 中的

$\dot{U}_3 = \dot{U}_1 + \dot{U}_2$。

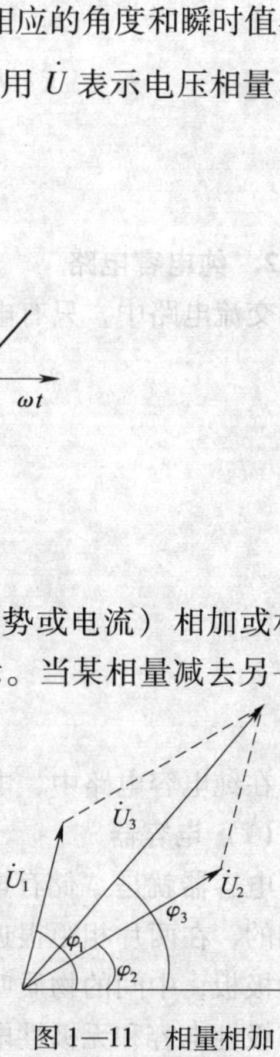

图 1—11 相量相加

二、RLC 串联电路

在交流电路中，电流和电阻 R、电容 C、电感 L 都有关系，而任何器件一般都不是纯电阻、纯电容或纯电感特性。例如，通常认为电炉是一个纯电阻负载，但是它的电炉丝是绕制的，显然

它存在一定的电感，同时由于每圈电炉丝之间也会存在或多或少的分布电容，所以它也有一定的电容，那么电炉究竟是什么负载呢？

通常用一个用电器对电路呈现的主要方面来定性负载的性质，如电炉、白炽灯、电烙铁等是阻性负载；而电动机、日光灯等是感性负载；充电器、电解槽等是容性负载。不同的元件在不同频率的交流电路中体现的性质也不相同。

1．纯电阻电路

交流电路中，只有电阻元件的电路称为纯电阻电路，电路如图 1—12a 所示，电阻两端的电压和流过电阻的电流之间存在如下关系。

（1）电压与电流的相位相同（见图 1—12b）

若电压为 $u=U_m\sin(\omega t+\varphi_u)$，则电流：

$$i=\frac{I_m}{R}\sin(\omega t+\varphi_u)$$

（2）电压与电流有效值或幅值之间的关系符合欧姆定律，即：

$$I=\frac{U}{R}\text{或}I_m=\frac{U_m}{R}$$

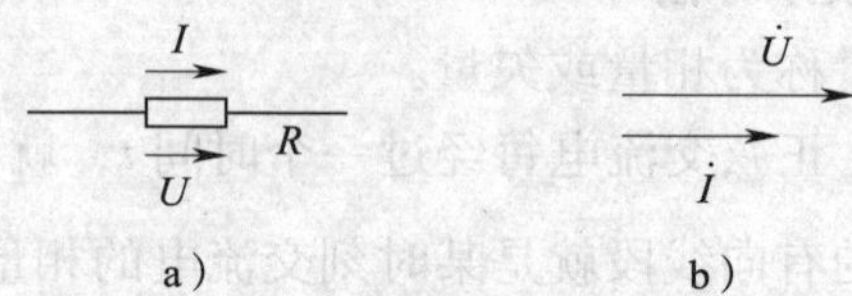

图 1—12　纯电阻电路中电压与电流的关系

a）电路图　b）电压与电流的相位关系

2．纯电容电路

交流电路中，只有电容元件的电路称为纯电容电路，纯电容电路如图 1—13a 所示。

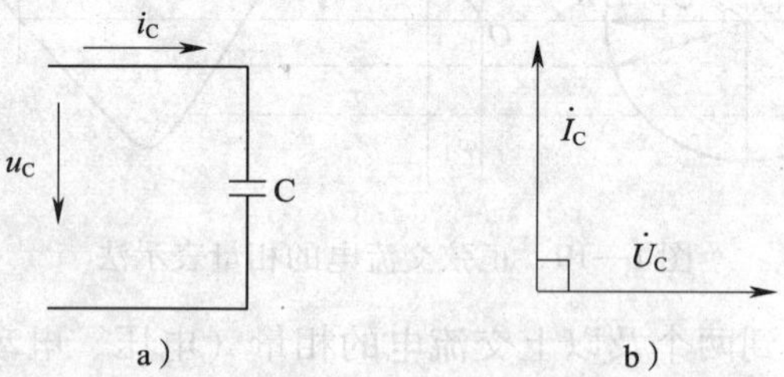

图 1—13　纯电容电路中电压与电流的关系

a）电路图　b）电压与电流的相位关系

在纯电容电路中，电流相位超前电压相位 90°，它们的相位关系如图 1—12b 所示。

（1）电容器

电容器就是“储存电荷的容器”。尽管电容器品种繁多，但它们的基本结构和原理是相同的，在两片相距很近的金属板之间，用绝缘物质隔开，就构成了电容器。两片金属板称为极板，中间的物质叫做介质。电容器在电路中常起滤波、耦合、交流旁路等作用，分成有极性电容和无极性电容两大类。如图 1—14 所示为常用的电容器实物图。

图 1—14　电容器

我们用电容量来描述电容器存储电能的能力，电容器的容量和金属板的面积、两极板之间的距离以及中间的介质等因素有关。电容量的单位为法拉（F）。常用的单位还有 μF 和 pF，它们的关系如下：

$$1\ \text{F} = 10^6\ \mu\text{F}$$

$$1\ \mu\text{F} = 10^6\ \text{pF}$$

(2) RC 电路的暂态过程

如图 1—15 所示，把电容量为 C 的电容器与阻值为 R 的电阻串联后，接到电动势为 E 的直流电源的两端，当开关 S 的 1 点接通时，电源 E 的正极通过电流表、电阻器和电容器的一端相连，电源 E 的负极通过导线和电容器的另一端相连，电容器开始充电。在电路刚刚接通瞬间，$U_C=0$，充电电流最大。随着充电的进行，电容器极板上不断积累电荷，两极板间的电压 U_C 逐渐上升，使充电电流也不断减小，最后当电容器的充电电流减小到 0 时，电容器充电完毕。

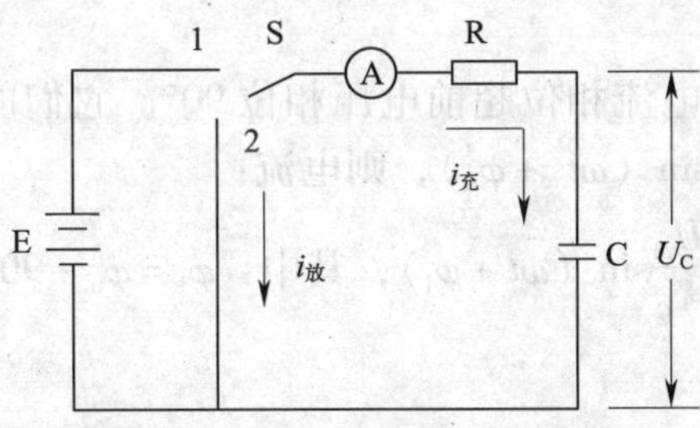

图 1—15　RC 串联电路的暂态过程

电容器充电的快慢与电容容量和电阻的大小有关，将 RC 叫做时间常数，用 τ 表示：

$$\tau = RC$$

式中　R——电阻，Ω；

C——电容，F（法拉）；

τ——时间常数，s。

在图 1—15 中，当把开关 S 与 2 点接通时，电容器与电阻串联成闭合电路，电容器开始放电。

在电路刚刚接通瞬间，放电电流最大，随着电容器极板上的电荷不断减少，两极板间的电压逐渐降低，放电电流逐渐减小，最后电容器两端的电压减小到0时，放电完毕。

电容器无论是充电或放电，其两端的电压是不能突变的，只能随时间从一个数值逐渐变化到另一个数值。

由理论分析可知，理论上电容器的充、放电过程需要经过∞的时间才能结束，但在实际工程上当充、放电时间达到τ的3~5倍时，就可以认为充、放电过程结束。

(3) 容抗

电容器对交流电的阻碍作用称为容抗（X_C）：

$$X_C=\frac{1}{\omega C}\text{或}X_C=\frac{1}{2\pi fC}$$

由上式可知，交流电频率越高，即ω（或f）越大，则电容的容抗X_c越小，说明电容器对高频电流的阻碍很小；频率越低，即ω越小，容抗X_c越大，说明电容器对低频电流的阻碍较大；对于直流电，因$\omega=0$，所以容抗X_C为∞，说明直流电不能通过电容器，即电容器具有“隔直通交”的功能。和电阻一样，容抗的单位是欧姆（Ω）。

(4) 电容器的串联与并联

当两个电容串联时，总电容的容量的倒数，等于各电容容量的倒数之和，即：

$$\frac{1}{C}=\frac{1}{C_1}+\frac{1}{C_2}$$

当两个电容并联时，总电容的容量等于两个电容容量的和，即：

$$C=C_1+C_2$$

(5) 电容器的电流

流过电容器的电流的有效值I，与电压的有效值U成正比，与容抗成反比即：

$$I=\frac{U}{X_C}$$

(6) 纯电容电路的相位

在纯电容电路中，电容电流相位超前电压相位90°。它们的波形如图1—16所示。若电容器两端的电压为$u=U_m\sin(\omega t+\varphi_u)$，则电流：

$$i=\frac{U_m}{X_C}\sin(\omega t+\varphi_i)\text{，其中}\quad\varphi_i=\varphi_u+90°\text{。}$$

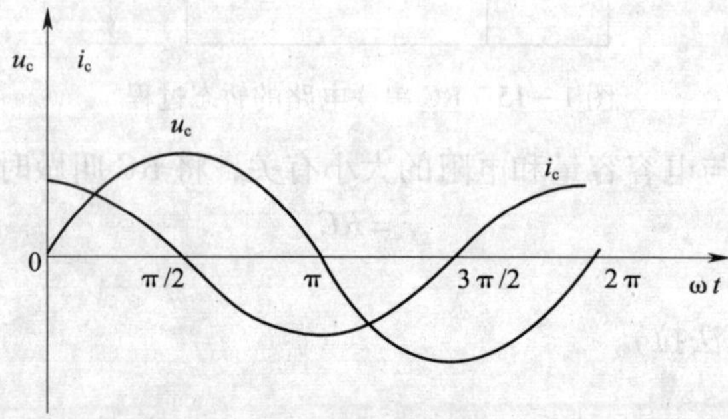

图1—16 纯电容电路中的波形

3. 纯电感电路

交流电路中，只有电感元件的电路称为纯电感电路。纯电感电路及纯电感电路中电压与电流的相位关系如图 1—17 所示。

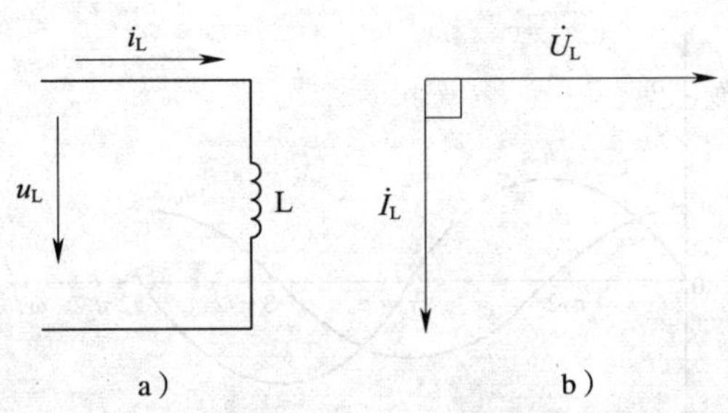

图 1—17 纯电感电路中电压与电流的相位关系
a) 电路图 b) 电压与电流的相位关系

(1) 电感器。电感器是把电能转化为磁能而存储起来的元件。电感器一般分为空芯电感器和磁芯电感器两种。电感器通常在电路中起滤波、振荡、陷波、延迟等作用，如图 1—18 所示为常见电感器实物图。

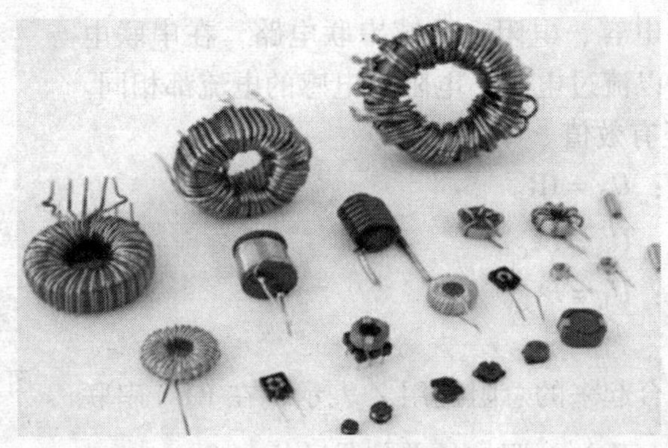

图 1—18 电感器

表示线圈产生电磁感应能力的物理量称为电感量（或自感系数），电感器的电感量的大小主要和线圈的尺寸、匝数、绕制方式、磁芯的材料等因素有关，电感量的单位是亨利（H）。常用的电感量单位还有毫亨（mH）和微亨（μH），它们之间的关系是：

$$1\ \mathrm{H} = 1\ 000\ \mathrm{mH}$$

$$1\ \mathrm{mH} = 1\ 000\ \mu\mathrm{H}$$

(2) 感抗。电感对交流电的阻碍作用称为感抗（X_L），有：

$$X_L = \omega L \text{ 或 } X_L = 2\pi fL$$

可见，相对于同一个电感而言，交流电的频率越高，即 ω（或 f）越高，感抗 X_L 越大；频率越低，即 ω 越小，感抗 X_L 越小；对于直流电，因 $\omega = 0$，所以感抗 X_L 为 0，电感对于直流电相当于短路，感抗的单位是欧姆（Ω）。

(3) 流过电感电流的有效值 I 与电压的有效值 U 成正比，即：

$$I=\frac{U}{X_L}$$

（4）在纯电感中，电感两端的电压相位超前电流相位 90°，它们的波形如图 1—19 所示。

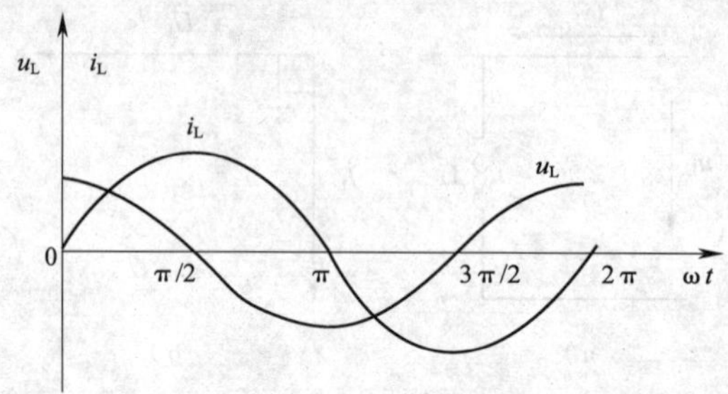

图 1—19　纯电感电路中的波形

若电压为 $u=U_m\sin(\omega t+\varphi_u)$，则电流为 $i=\frac{U_m}{X_L}\sin(\omega t+\varphi_i)$，其中　$\varphi_i=\varphi_u-90°$。

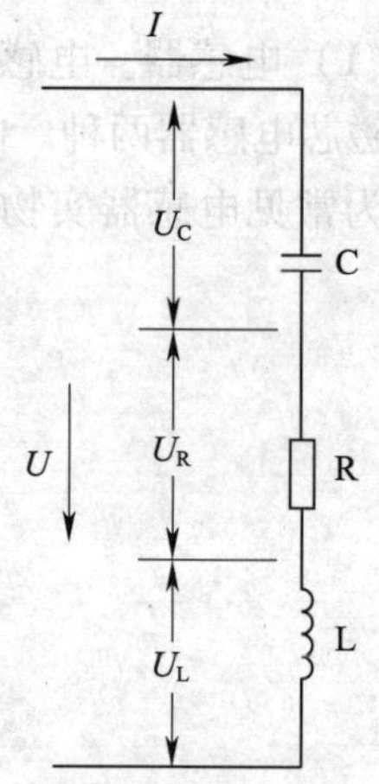

图 1—20　RLC 串联电路

4. RLC 串联电路分析

如图 1—20 所示为电容、电阻、电感串联电路，在串联电路中电流处处相等，所以流过电容、电阻、电感的电流都相同。

（1）各元件上电压有效值

电阻上电压有效值：$U_R=IR$。

电容上电压有效值：$U_C=IX_C$。

电感上电压有效值：$U_L=IX_L$。

（2）电路的阻抗

电阻、电容、电感合起来的总阻抗用 Z 表示，在 RLC 串联电路中 $Z=\sqrt{R^2+(X_L-X_C)^2}$，阻抗的单位是欧姆（Ω）。

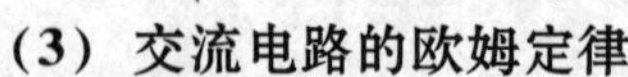

（3）交流电路的欧姆定律

公式为：
$$I=\frac{U}{Z}$$

（4）电路的负载特性

在交流电路中，当 $X_L>X_C$ 时，电流滞后电压，电路体现出感性，此时负载为感性负载；当 $X_L<X_C$ 时，电流超前电压，电路体现出容性，此时负载为容性负载；当 $X_L=X_C$ 时，电流与电压同向，电路体现出纯阻性，电路中电流最大，电路处于串联谐振状态，此时的频率称为串联谐振频率，用 f_0 表示：

$$f_0=\frac{1}{2\pi\sqrt{LC}}$$

5. 有功功率、视在功率、无功功率、功率因数

（1）有功功率

电压的瞬时值和瞬时电流的乘积称为瞬时功率，瞬时功率在一个周期中的平均值，称为平均功率（也叫有功功率），用 P 表示，单位有瓦（W）和千瓦（kW）等。由于只有电阻元件消耗有功功率，所以有功功率的计算公式如下：

$$P = U_R I = \frac{U_R^2}{R} = I^2 R$$

（2）视在功率

总电压有效值和电流有效值的乘积，称为视在功率，用 S 表示，单位有伏·安（V·A）或千伏·安（kV·A）等。

$$S = UI$$

（3）无功功率

电感线圈和电容器不消耗电源的能量，即电容和电感不消耗有功功率，它们和电源不断进行能量交换。它们与电源之间能量交换的最大值便是无功功率，用 Q 表示，单位有乏（Var）和千乏（kVar）。

电感上的无功功率是 $Q_L = U_L I = I^2 X_L = \frac{U_L^2}{X_L}$。

电容上的无功功率是：$Q_c = U_c I = I^2 X_c = \frac{U_c^2}{X_c}$。

电路总的无功功率是：$Q = Q_L - Q_C$。

当 Q 为正数时，表示电路为感性无功功率；当 Q 为负数时，表示电路为容性无功功率；当 Q 为零时，电路处于串联谐振状态。

（4）功率因数

电路的有功功率与视在功率的比值称为功率因数，用 $\cos\varphi$ 表示，功率因数没有单位。

$$\cos\varphi = \frac{P}{S} = \frac{U_R}{U} = \frac{R}{Z}$$

（5）四者之间关系

有功功率、视在功率、无功功率、功率因数的关系：

$$P = S\cos\varphi - UI\cos\varphi$$

$$Q = S\sin\varphi = UI\sin\varphi$$

$$S = \sqrt{P^2 + Q^2}$$

$$\cos\varphi = \frac{P}{S}$$

三、三相交流电源

在输配电系统中，使用的交流电大多数是三相交流电，在同样条件下输送同样大的功率时，三相输电系统比单相输电系统有较大的优势，如节省材料、使用的三相电动机比单相电动机性能优良、三相发电机比同样尺寸的单相发电机输出的功率大等。

1. 三相交流电的产生

三相交流电由三相发电机产生，如图 1—21 所示为三相交流发电机示意图，它有三个绕组，分别是 $U_1 - U_2$、$V_1 - V_2$、$W_1 - W_2$，其中 U_1、V_1、W_1 为首端，U_2、V_2、W_2 为末端，它们均匀分布在定子槽中。转子是一个磁体，当转子旋转时，在三相绕组中就会产生幅度和频率相同、相位彼此相差 120°的对称三相交流电，若以图中 1—21 所示的 U 相为中性面，规定电动势的正方向为末端指向首端，转子以顺时针旋转，则产生的三相交流电每相的电动势为：

$$e_U = E_m \sin\omega t$$
$$e_V = E_m \sin(\omega t - 120°)$$
$$e_W = E_m \sin(\omega t + 120°)$$

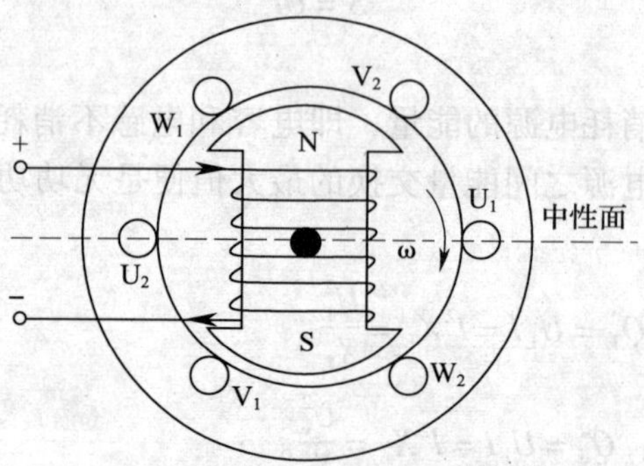

图 1—21　三相交流发电机示意图

三相交流电电动势的向量图和波形图如图 1—22 所示。

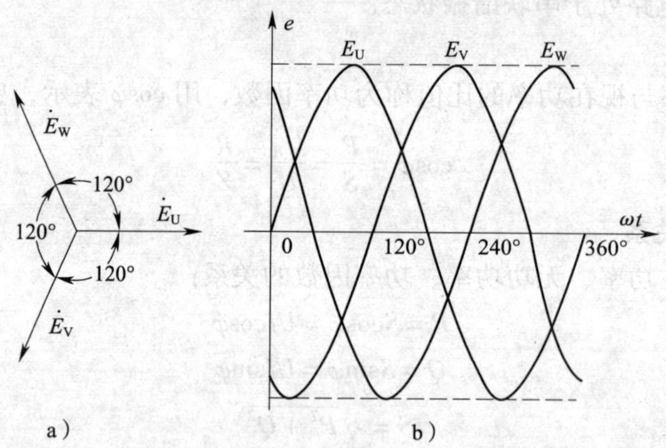

图 1—22　三相交流电的相量图、波形图

a）相量图　b）波形图

2. 三相交流电的连接

三相交流发电机的每相绕组都可作为一个独立的电源，各用两根导线分别和负载相连，但这样连接要用 6 根导线，很不经济。三相交流电源有两种连接方法，一种是星形（Y形）连接，另一种是三角形（△形）连接，通常采用的都是星形（Y形）连接的方式。

所谓星形连接，就是将三相交流电的每个绕组的末端（U_2、V_2、W_2）连接在一起，用一根导线引出，作为中性线（也称为零线），用 N 表示；三个绕组的首端分别输出，作为相线（也称火线）用 U_1、V_1、W_1表示，这种电能的传送方式称为“三相四线制”供电方式，如图 1—23 所示。

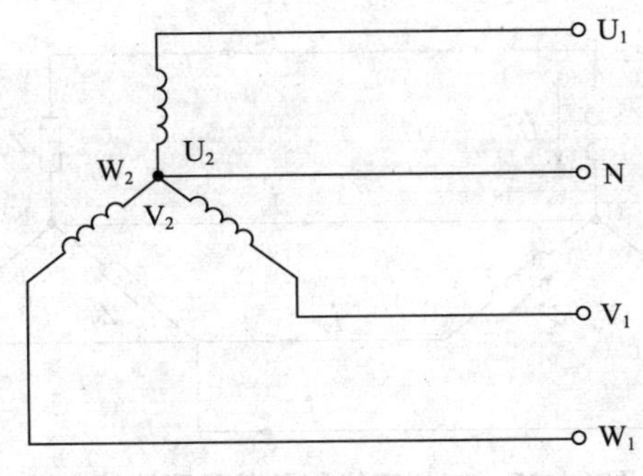

图 1—23　三相电源的星形连接

(1) 相电压

相线与中性线之间的电压称为相电压，用 $\dot{U}_{U}$、$\dot{U}_{V}$、$\dot{U}_{W}$ 表示，它们的有效值用 U_{P} 表示。日常使用的交流电的相电压是 220 V。

(2) 线电压

相线与相线之间的电压称为线电压，用 $\dot{U}_{UV}$、$\dot{U}_{VW}$、$\dot{U}_{WU}$ 表示。它们的有效值用 U_{L} 表示。日常使用的交流电的线电压是 380 V。

$$\dot{U}_{UV} = \dot{U}_{U} - \dot{U}_{V}$$

$$\dot{U}_{VW} = \dot{U}_{V} - \dot{U}_{W}$$

$$\dot{U}_{WU} = \dot{U}_{W} - \dot{U}_{U}$$

(3) 线电压与相电压的关系

线电压的有效值是相电压有效值的$\sqrt{3}$倍。在相位上，各线电压比各相应的相电压超前 30°，如图 1—24 所示。

$$U_{L} = \sqrt{3}U_{P}$$

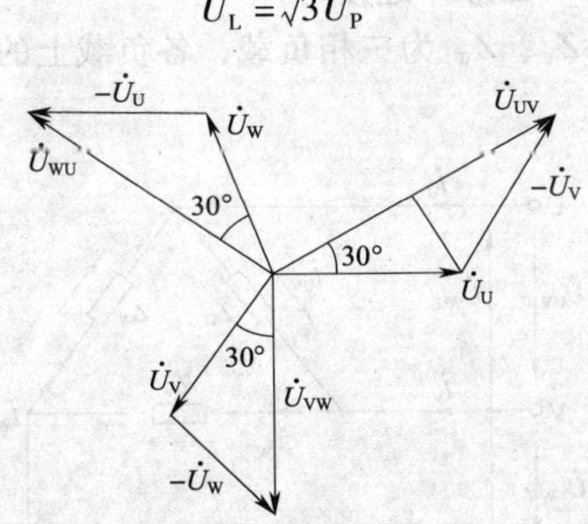

图 1—24　三相交流电线电压与相电压的关系

3. 三相负载的连接方式

三相负载的连接方式和电源一样也有星形（Y形）连接和三角形（△形）连接两种方式。

(1) 三相负载的星形（Y形）连接

如图 1—25 所示，Z_{U}、Z_{V}、Z_{W} 为三相负载，由于三相电路有中性线，所以各负载上的电压为各相电压，流过各相线的电流等于流过各相负载的电流：

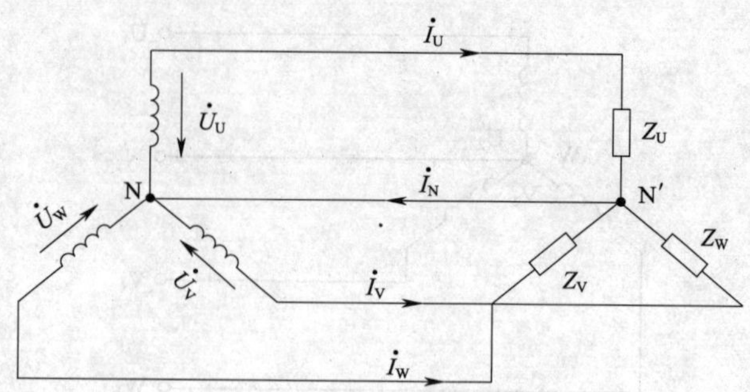

图 1—25　三相四线制负载星形连接电路

$$\dot{I}_U = \frac{\dot{U}_U}{Z_U}$$

$$\dot{I}_V = \frac{\dot{U}_V}{Z_V}$$

$$\dot{I}_W = \frac{\dot{U}_W}{Z_W}$$

根据基尔霍夫第一定律，中性线中的电流为：

$$\dot{I}_N = \dot{I}_U + \dot{I}_V + \dot{I}_W$$

当 Z_U、Z_V、Z_W 相等时，负载为对称负载，此时中性线中没有电流流过，如果去除中性线，对电路不产生影响。当负载不对称的时候，中性线将流过电流，保证负载两端的电压等于相电压。

在不对称负载的电路中，中性线有着重要的作用，如果中性线断线，将导致负载上的电压不等于相电压，使负载不能正常工作，甚至烧坏用电设备。在“三相四线制”电路中，不能在中性线上安装熔断器或开关。

（2）三相负载的三角形（△形）连接

如图 1—26 所示，Z_U、Z_V、Z_W 为三相负载，各负载上的电压等于线电压，流过各负载的电流为：

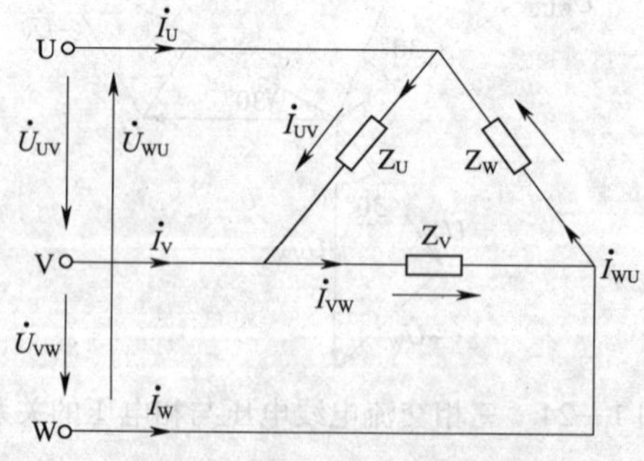

图 1—26　负载三角形电路

$$\dot{I}_{UV} = \frac{\dot{U}_{UV}}{Z_U}$$

$$\dot{I}_{VW} = \frac{\dot{U}_{VW}}{Z_V}$$

$$\dot{I}_{WU} = \frac{\dot{U}_{WU}}{Z_W}$$

流过相线的电流与负载之间的关系为：

$$\dot{I}_U = \dot{I}_{UV} - \dot{I}_{WU}$$

$$\dot{I}_V = \dot{I}_{VW} - \dot{I}_{UV}$$

$$\dot{I}_W = \dot{I}_{WU} - \dot{I}_{VW}$$

(3) 三相交流电中的功率

在三相交流电路中，无论电路是否是对称电路，负载是何种接法，电路的总功率等于各相功率之和。

有功功率等于三相有功功率之和：$P = P_U + P_V + P_W$

无功功率等于三相无功功率之和：$Q = Q_U + Q_V + Q_W$

视在功率：$S = \sqrt{P^2 + Q^2}$

在对称电路中，电路总功率：$P = \sqrt{3} U_{线} I_{线} \cos\varphi$

(4) 三相对称负载的功率特点

1）在线电压不变时，同一负载三角形接法的相电流是星形接法的相电流的$\sqrt{3}$倍。

2）在线电压不变时，同一负载三角形接法的功率是星形接法功率的 3 倍。

课后练习

一、填空题

1. 交流电的三要素是指________、________和________。

2. 正弦交流电路中的三种纯电路是纯________电路、纯__________电路和纯________电路。

3. 正弦交流电路中的三种电功率是__________功率、__________功率和________功率。

4. 在三相四线制供电系统中，线电压为相电压的__________倍，线电压在相位上________对应相电压________。

5. 三相交流电源有两种连接方式，即________连接和________连接。

6. 电容器的基本结构是由________和________两大部分组成。

二、判断题

1. 平常使用的 220 V 交流电，最大电压可以达到 311 V。 (　　)

2. 交流电的周期越长，表示变化越快。 (　　)

3. 无功功率就是没有用的功率。 (　　)

4. RLC 串联电路根据它两端的频率不同，将体现出不同的特性。 (　　)

三、选择题

1. 正弦交流电常用的表达方法有（　　）。

A. 解析式表示法　　B. 波形图表示法

C. 相量表示法　　D. 以上都是

2. 三相四线制供电的相电压为200 V，与线电压最接近的值为（　　）V。

A. 280　　B. 346　　C. 250　　D. 380

3. 由电容量的定义式 $C=Q/U$ 可知（　　）。

A. C 与 Q 成正比　　B. C 与 U 成反比

C. C 等于 Q 与 U 的比值　　D. $Q=0$ 时，$C=0$

4. 在星形连接的三相对称电路中，相电流与线电流的相位关系是（　　）。

A. 相电流超前线电流30°　　B. 相电流滞后线电流30°

C. 相电流与线电流同相　　D. 相电流滞后线电流60°

四、计算题

1. 已知某正弦交变电流的瞬时值函数式为 $i=5\sin(314t+\pi/6)$ A，求该交变电流的最大值、有效值、初相角、频率各为多少？

2. 已知 $C_1=200$ pF、$C_2=300$ pF、$C_3=400$ pF、$C_4=600$ pF，求它们并联后和串联后的电容量。

3. 某设备输入交流电电压为 $u=311(314t+\pi/6)$ V，电流为10 A，功率因数为0.8，求它的视在功率、有功功率和无功功率各为多少？

4. 一个2 H的电感，接在 $u=311(314t+\pi/6)$ V的电源上，求：感抗、流过电感的电流是多少？

第三节　电磁基础知识

学习目标

1. 掌握电磁感应的基本知识。
2. 了解自感与互感现象。

一、电磁感应

1. 磁的基本知识

物体能够吸引铁、镍、钴等物体的特性称为磁性。让磁铁吸引铁屑，可看到磁铁的两端吸引的铁屑最多，这两端就叫做磁铁的磁极。任何一个磁铁都有两个磁极，如果将磁体悬挂起来，当它停下来时，总有一端指向南方，一端指向北方，把指向北方的一端叫做北极（或N极），指向南方的一端叫做南极（或S极）。磁体具有同性相斥、异性相吸的特性。在磁铁的周围空间有力的存在，把这种力叫做磁力，而把磁铁周围具有磁力作用的空间称为磁场。磁极之间的相互作用是通过磁场来实现的。

2. 磁感线

磁感线又称磁力线，通常用磁感线来形象描述磁场，如图1—27所示，磁感线具有以下特征。

（1）磁铁外部的磁感线是从北极到南极，磁铁内部的磁感线是从南极到北极。

（2）磁感线是闭合曲线，不中断，不交叉。

（3）磁感线的疏密程度反映了磁场的强度，磁感线越密，磁场越强。

（4）磁感线的切线方向是该点的磁场方向。

3. 电流的磁场

（1）通电导体的磁场

把一条直导线平行地放在磁针的上方，给导线通电，磁针就发生偏转，如图 1—28 所示，说明通电的导线周围也有磁场。如果用磁感线表示磁场，那么通电直导线周围磁场的磁感线，就是以导线为中心的一组同心圆，如图 1—29a 所示，这些同心圆都在和导线垂直的平面上。

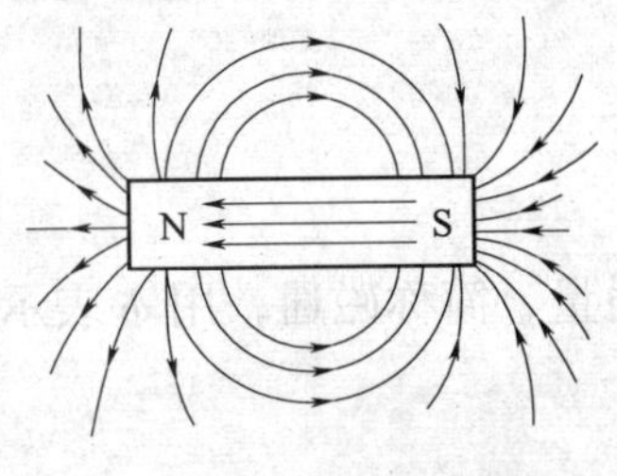

图 1—27 磁体的磁感线

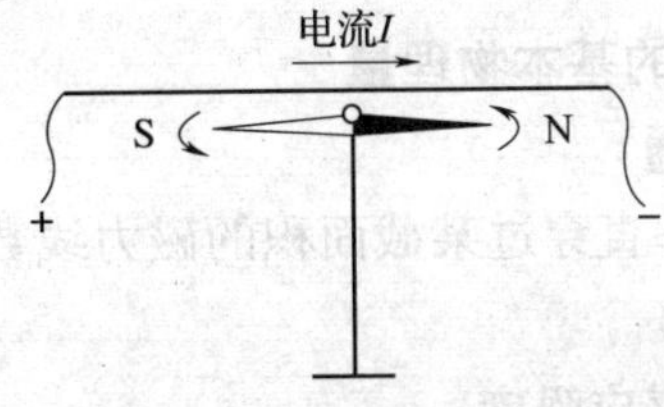

图 1—28 通电导线的磁现象

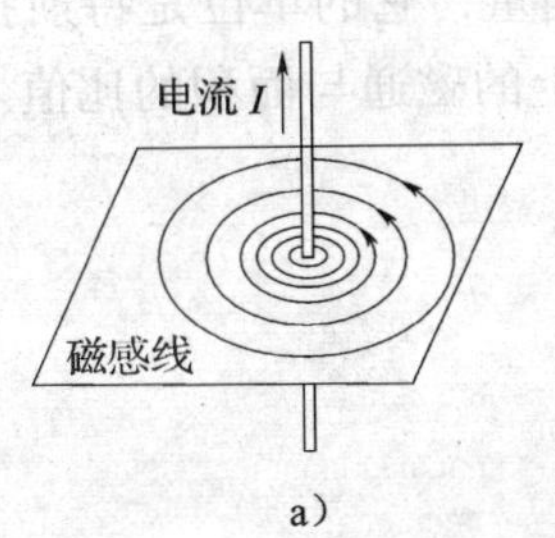

a）

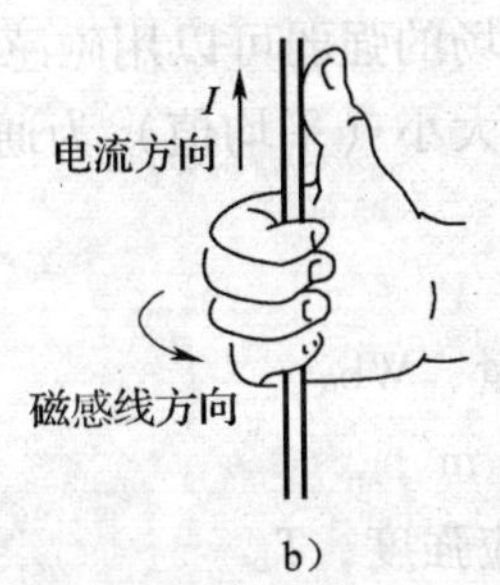

b）

图 1—29 通电直导线周围的磁场方向

a）通电导线周围的磁场 b）右手螺旋法则

磁感线方向与电流方向的关系，可用右手螺旋法则来判断，方法是：用右手握住导线，让伸直的拇指所指的方向与电流方向一致，那么弯曲的四指的方向就是磁感线的环绕方向，如图 1—29b 所示。

（2）通电螺线管的磁场

把磁针靠近通电螺线管时，磁针将会被通电螺线管吸引或排斥，这说明通电螺线管的周围也存在磁场，其一端相当于北极，另一端相当于南极。

通电螺线管内磁力线的方向和电流的方向有关，可用右手螺旋法则来确定：用右手握住螺线管，让弯曲的四指所指的方向跟电流的方向一致，那么，大拇指所指的方向就是螺线管内部磁感线的方向（即 N 极的方向），如图 1—30 所示。螺线管的匝数越多，通过的电流越大，螺线管内的磁场也就越强。在螺线管内，中部的磁场最强，而接近线圈两端的磁场逐渐减弱。

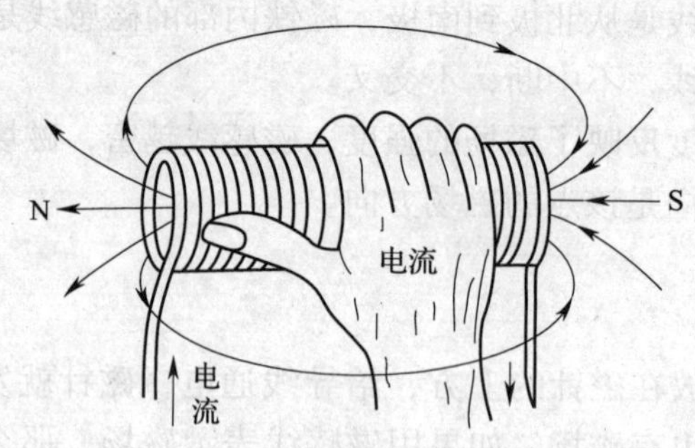

图 1—30 通电螺线管的磁场

电和磁是相互依赖而存在的，凡是有电流的地方都有磁场相伴，这种现象称为电流的磁效应。

4. 磁场的基本物理量

(1) 磁通

通常把垂直穿过某截面积的磁力线数量叫做磁通量，简称磁通，用 ϕ 表示，它的单位是韦伯（Wb）。

(2) 磁感应强度

磁场不仅有方向性，而且有大小，在磁场中不同地方的磁场强度是不同的，靠磁极越近，磁场越强，磁场的强弱可以用磁感应强度来衡量，它的单位是特斯拉（T）。某一面积上的磁感应强度的大小（平均值）为通过该面积上的磁通与面积的比值。

$$B = \frac{\phi}{S}$$

式中 ϕ——磁通量，Wb；

S——面积，m^2；

B——磁感应强度，T。

若磁场中各电磁感应强度的大小相等，方向一致，则这种磁场叫做均匀磁场，均匀磁场的磁力线是一组疏密均匀、方向一致的平行线。

(3) 磁导率（也称为导磁系数）

1）磁导率。如果用一个通电的线圈去吸引铁块，然后在线圈中插入一根铁棒也去吸引同一铁块，再把铁棒换成铜棒，去吸引铁块，就会发现三种情况线圈对铁块的吸力大小都不同，放入铁棒的线圈吸力最大。这表明，同一个线圈磁性的强弱，即磁感应强度的大小，不但与通过线圈的电流、线圈的物理参数有关，而且与线圈中的介质有关。为了表征介质的导磁能力，引入磁导率这个物理量，用符号 μ 表示，它的单位是亨/米（H/m）。真空的磁导率为 $\mu_0 = 4\pi \times 10^{-7}$ H/m。

2）相对磁导率。物质的磁导率与真空的磁导率的比值称为相对磁导率，用 μ_r 表示，它没有单位。

$$\mu_r = \frac{\mu}{\mu_0}$$

对不同的介质，相对磁导率是不相同的，其大小反映了介质被磁化后对磁场的影响程度。根据物质相对磁导率不同，将物质分为铁磁材料和非铁磁材料，其中相对磁导率$\mu_r \gg 1$的叫做铁磁物质，如铁、钴、镍等。相对磁导率μ_r在1左右的物质叫做非铁磁物质，如铝、铜、木材、空气等。在非铁磁物质中相对磁导率$\mu_r > 1$叫做顺磁性材料，相对磁导率$\mu_r < 1$叫做反磁性材料。铁磁物质的磁导率是非铁磁物质的几十倍到几百万倍。

（4）磁场强度

不同的介质有不同的磁感应强度，这样就使磁场的计算变得非常复杂。为了讨论问题的方便，引入磁场强度这个物理量，它的单位是A/m，用H表示，H的数值只与电流大小和线圈的形状有关，与介质的性质无关。磁场强度的大小等于磁场中某点的磁感应强度B与介质磁导率的比值即：

$$H = \frac{B}{\mu}$$

式中 H——磁场强度，A/m；

B——磁感应强度，T；

μ——磁导率，H/m。

磁场强度是一个矢量，在均匀磁场中，它的方向和磁感应强度的方向一致。

5. 磁场对电流的作用

通电导线在磁场中会受到磁场力的作用，受力的大小和磁场强度、通过导线的电流以及导线在磁场中的有效长度等有关，受力的方向和磁场方向、电流方向有关。通电导线在磁场中受到的磁场力为：

$$F = BIL\sin\alpha$$

式中 F——导线的受力，N；

B——磁感应强度，T；

I——电流，A；

L——磁场中的导线长度，m；

α——导线和磁感应强度方向的夹角。

磁场方向、电流方向和磁场对电流作用力方向三者之间的关系，可用左手定则确定，如图1—31所示：伸开左手掌，使大拇指和其余四指垂直，并且都跟手掌在一个平面内，让磁感线穿过手心，四指指向电流的方向，那么大拇指所指的方向就是磁场对通电导线的作用力的方向。

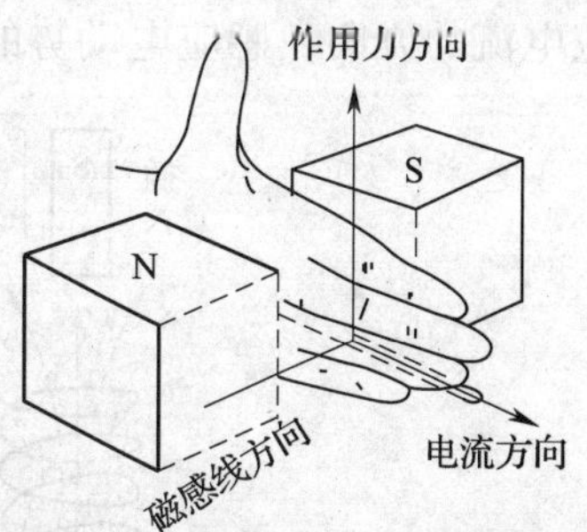

图1—31 左手定则

6. 电磁感应

当导体切割磁感线或线圈中中磁通发生变化而产生感生电动势的现象称为电磁感应现象。实验证明：当导体切割磁力线运动或线圈中的磁通发生变化的时候，在导体或线圈中将产生感应电动势，如果导体或线圈组成闭合回路，在回路中将产生感应电流。判断感应电动势或感应电流大小、方向的定律是法拉第电磁感应定律和楞次定律。

（1）长直导体中的感应电动势方向

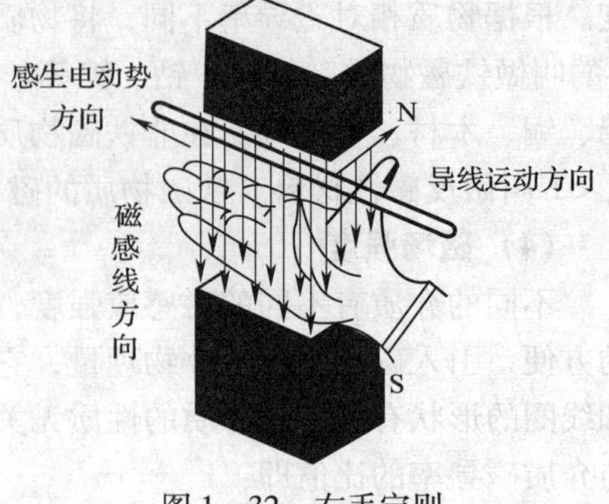

图 1—32　右手定则

当导体切割磁力线运动时，在导体中将产生感应电动势，判断导体感应电动势的方向用“右手定则”。如图 1—32 所示，伸开右手，让拇指跟其余四指垂直，并且都跟手掌在一个平面内，磁力线垂直从手心穿过，拇指指向导体运动的方向，则其余四指所指的方向就是感应电动势的方向。

（2）法拉第电磁感应定律

法拉第电磁感应定律为：线圈中产生感应电动势的大小和通过该线圈的磁通量的变化率成正比。即：

$$e = N\left|\frac{\Delta\phi}{\Delta t}\right|$$

式中　e——感应电动势，V；

N——线圈的匝数；

$\Delta\phi$——线圈中磁通的变化量，Wb；

Δt——磁通变化使用的时间，s。

上式表明，线圈中的感应电动势的大小和磁通的变化率成正比，和原磁通的大小无关。

（3）楞次定律

当线圈中的磁通发生变化时，线圈中感应电流产生的磁场总是阻碍原磁场的变化，也就是说，当线圈中的磁通要增加时，感应电流就产生一个磁场使它减小；当线圈中的磁通要减少时，感应电流所产生的磁场将使原磁通增大，这就是楞次定律。

楞次定律提供了一个判断感应电动势或感应电流方向的法则，具体步骤如下；首先判定原磁通的方向及其变化趋势（即增加还是减少）；再根据感应电流的磁场方向与原磁通的变化方向永远相反的原则，来确定感应电流的磁场方向；最后利用右手螺旋定则判定感应电流的方向，感应电动势的方向与感应电流方向相同，如图 1—33 所示。

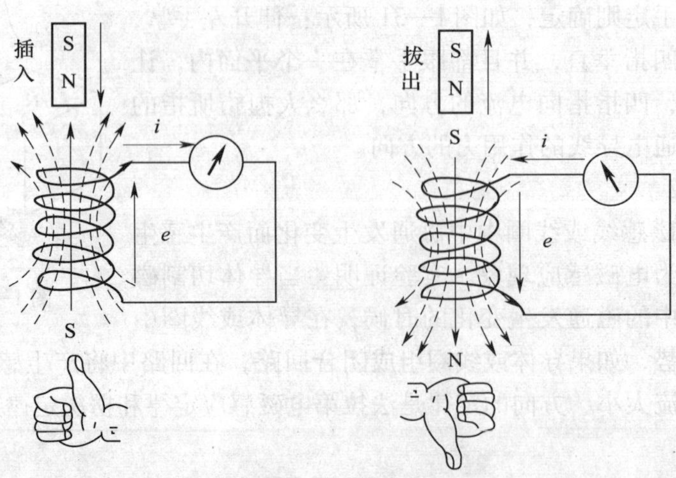

图 1—33　线圈中感应电动势的方向

二、自感和互感

1. 自感

(1) 自感现象

如图 1—34 所示，两个灯泡瓦数相同，电阻器的电阻等于线圈的电阻，开关闭合时，L_2 立即亮，L_1 逐渐亮。这是因为开关闭合时，线圈中的电流逐渐增加，线圈中的磁通也逐渐增加，逐渐增加的磁通在线圈中产生了感应电动势，根据楞次定律，这个电动势总是阻碍线圈中电流的变化，因此流过 L_1 灯的电流逐渐增加。

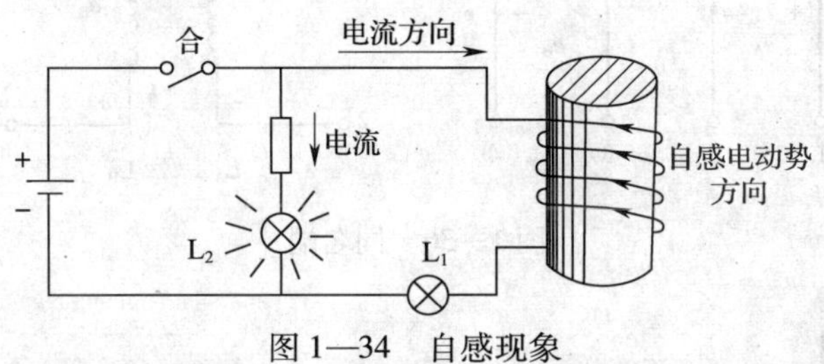

图 1—34　自感现象

当开关从闭合转为断开时，L_1、L_2 灯不是立即熄灭，而是逐渐变暗。这是因为当切断电源时，线圈中电流迅速减小，线圈中磁通也在迅速减小，因此在线圈中产生的感应电动势阻碍电流的减小，使得电流降得慢一些，因此灯泡不会立即熄灭。

这种由于线圈本身电流变化而在线圈自身引起的电磁感应现象叫做自感现象。在自感现象中产生的感应电动势叫做自感电动势。

(2) 自感电动势

自感电动势和自感系数、电流变化率的关系如下，式中负号表示自感电动势的方向与电流变化方向相反。

$$e_L = -L\frac{\Delta i}{\Delta t}$$

2. 互感

(1) 互感现象

在图 1—35 中，如果两个线圈靠得很近，那么左边线圈产生的磁通就有一部分穿过右边线圈。因此，当左边线圈中电流变化时，在右边的线圈中就会感应出电动势。这种由于一个线圈中电流的变化，在另一个线圈中产生感应电动势的现象叫做互感，由此产生的电

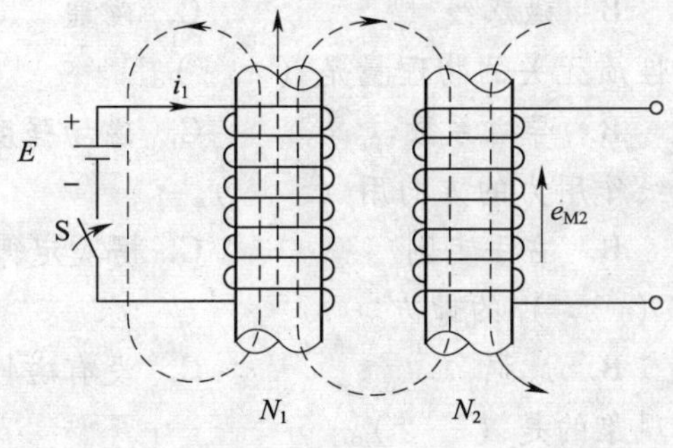

图 1—35　互感现象

动势叫互感电动势。互感电动势和第一个线圈中的电流的变化率、两个线圈的相对位置、线圈的匝数等因素有关。有时为了减小线圈之间的相互影响，在安装时将两个线圈垂直放置。

（2）同名端的概念

线圈的绕向一致，而使感应电动势的极性一致的端点叫做同名端；反之叫做异名端。同名端常用特殊标记"."来表示，如图1—36所示。

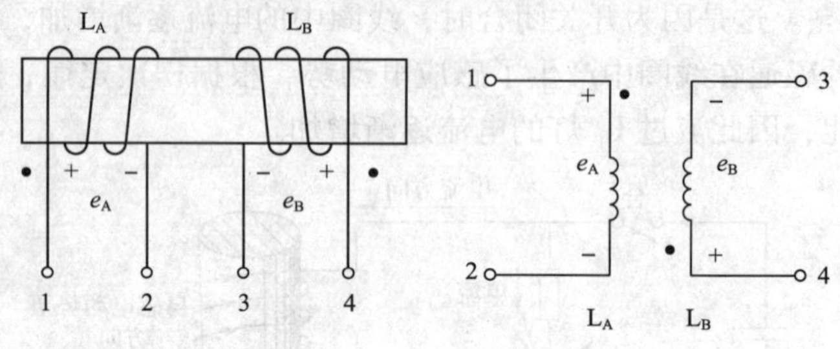

图1—36 同名端

课后练习

一、填空题

1. 磁感线上任意一点的________方向就是该点的磁场方向；磁感线的________代表磁场的强弱。

2. 根据相对磁导率不同，物质可以分成________物质、________物质和________物质三大类。

3. 由于线圈________一致，感应电动势的________保持一致的端点叫做两线圈的同名端。

二、判断题

1. 地球是一个大磁场。（ ）

2. 磁场的方向是由N极指向S极。（ ）

3. 磁场强度和磁感应强度一样是矢量。（ ）

4. 通电线圈插入铜芯后，磁场得到很大加强。（ ）

5. 线圈中的磁通发生变化，就会产生电流。（ ）

三、选择题

1. 用右手握住通电导线，让拇指指向电流方向，则弯曲四指的指向就是（ ）。

A. 磁感应 B. 磁感线 C. 磁通 D. 磁场方向

2. 磁场中与磁介质的性质无关的物理量是（ ）。

A. 磁感应强度 B. 导磁系数 C. 磁场强度 D. 磁通

3. 判断磁场对通电导线作用力的方向用（ ）。

A. 左手定则 B. 右手定则 C. 楞次定律 D. 安培定则

4. 磁极是磁场中磁性（ ）的地方。

A. 最弱 B. 最强 C. 没有磁性 D. 不定

5. 下列属于电磁感应现象的是（ ）。

A. 通电导体产生磁场 B. 电动机铁芯被磁化

C. 线圈中磁通变化产生电压　　　　　　　D. 通电导体在磁场中受力

四、计算题

1. 在匀强磁场中磁感应强度为0.5 T，有一导线长度为1 m，通过它的电流是10 A，导线与磁感应强度的方向成60°角，求：导线受到的力是多少？

2. 一电感为2 H，通过其中的电流为10 A，若在0.1 s中，电感中的电流减小到1 A，在电感两端产生的自感电动势是多少？

第四节　变压器与异步电动机基础知识

学习目标

1. 了解常见变压器的分类、结构及工作原理。
2. 熟悉三相交流鼠笼式异步电动机的结构和工作原理。
3. 能通过三相异步电动机的铭牌，读懂其主要参数。

一、变压器

变压器是将交流电压升高或降低而不改变其频率的一种电气设备。在将电能从发电厂输送到用户时，由于导线电阻的存在，在输电线上要损耗一些电能，在功率因数相同时，输送大小相同的电能，输电电压越高，输电线路的电流就越小，电线上的损耗就越少，因此，为了减小输电线上的损耗和节省材料，目前在远距离输电中都采用高压输电。

用电设备需要的电压等级各不相同，如电动机多用380 V或220 V，一般照明使用220 V，机床照明使用36 V等，因此，为了输配电和用电的需要，就要用变压器把交流电压变换成具有不同等级的电压，以满足不同的需要。

1. 变压器的分类

变压器的种类很多，可按其用途、结构、相数、冷却方式等不同来进行分类。

(1) 按用途分类，有电力变压器、仪用互感器、特种变压器。

(2) 按绕组数目分类，有双绕组变压器、三绕组变压器、多绕组变压器和自耦变压器。

(3) 按铁芯结构分类，有芯式变压器和壳式变压器。

(4) 按相数分类，有单相变压器、三相变压器和多相变压器。

(5) 按冷却介质和冷却方式分类，有油浸式变压器、干式变压器等。

2. 变压器的结构

铁芯和绕组是变压器中最主要的部件，构成了变压器的器身，如图1—37所示。

变压器主要由铁芯和线圈组成，电力变压器还有油箱、变压器油、油枕、油标、绝缘套管、电压分接开关等附件。

(1) 铁芯

变压器可按照铁芯的形式分为芯式和壳式两类，如图1—38所示，芯式变压器铁芯的芯柱被绕组所包围，芯式结构用铁量少，构造简单，绕组安装及绝缘容易，电力变压器多

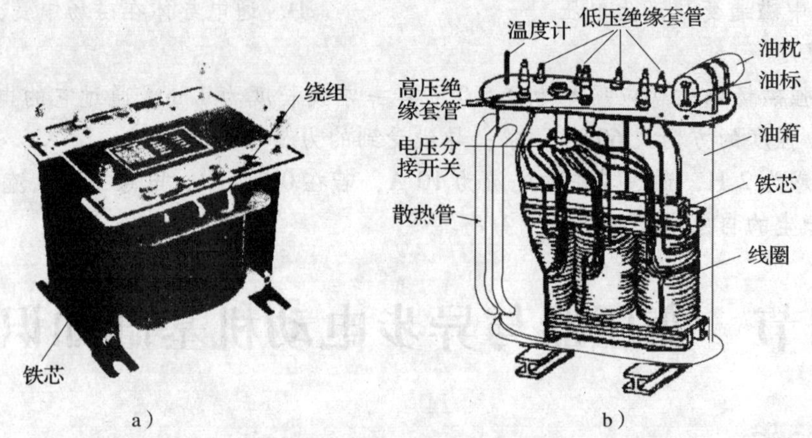

图 1—37 变压器结构

a）小型变压器 b）三相电力变压器

为芯式结构。壳式铁芯包围着绕组顶面和底面、侧面，壳式结构机械强度好，用铜量少，散热容易，但制造复杂，用铁量大，小容量单相变压器多为壳式结构。

变压器的铁芯用磁导率高的硅钢片叠成，叠片之间相互绝缘以减少涡流，防止铁芯发热。

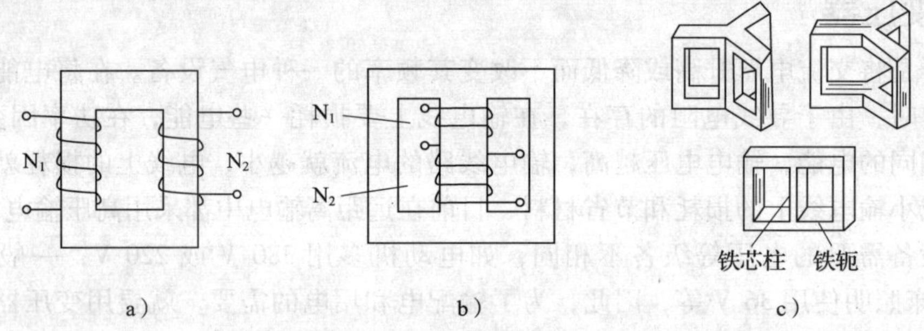

图 1—38 变压器铁芯

a）芯式铁芯 b）壳式铁芯 c）变压器铁芯形状

（2）绕组

绕组是变压器的电路部分，它由铜或铝绝缘导线绕制而成。一次绕组（初级绕组）输入电能，二次绕组（次级绕组）输出电能。

两个绕组中，电压较高的也称为高压绕组，相应的电压较低的也称为低压绕组。变压器的绕组的绕制结构可分为同心式、交叠式。由于同心式绕组结构简单，制造方便，变压器多采用这种结构。

3. 变压器的工作原理

变压器是根据电磁感应的原理制成的。两个绕组不相连（自耦变压器除外），其间通过“磁”来耦合。当原绕组接到交流电源上时，原绕组中就有交变电流通过，在铁芯中就产生交变磁通，当磁通通过副绕组时，就产生感应电动势，如果有负载接到副绕组上，负载中就有电流通过。

变压器原绕组和副绕组中的电动势，与它们的匝数成正比，即：

$$\frac{N_1}{N_2}=\frac{U_1}{U_2}=K$$

式中 N_1——初级线圈的匝数；

N_2——次级线圈的匝数；

U_1——初级电压，V；

U_2——次级电压，V；

K——变压器变压比。

可见，只要适当选择原、副绕组的匝数，利用变压器就能把交流电从一种电压变换成同频率的另一种电压。当 $K>1$ 时，该变压器称为降压变压器；当 $K<1$ 时，变压器称为升压变压器。

变压器的功率损耗包括铜损与铁损两部分，其中铜损随负载电流的变化而变化，称为可变损耗；铁损包括磁滞损耗和涡流损耗两部分，它仅与主磁通相关，电源电压不变时，损耗也基本不变，称为不变损耗。

二、三相交流鼠笼式异步电动机

交流电动机按供电方式可分为三相电动机和单相电动机。三相电动机按运转情况又可分为同步电动机和异步电动机。三相交流鼠笼式异步电动机由于结构简单、维护方便、工作可靠、价格低廉，而成为电动机中应用最普遍的一种。

三相交流鼠笼式异步电动机的构造如图 1—39 所示，主要由定子（固定部分）和转子（转动部分）两部分组成。

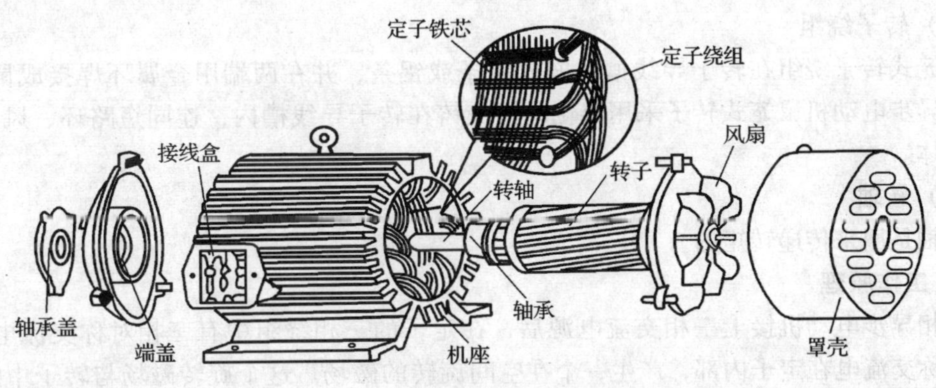

图 1—39 三相交流鼠笼式异步电动机的构造

1. 定子

定子由定子铁芯、定子绕组和机座三部分组成。

(1) 定子铁芯

它是电动机的磁路部分，用厚 0. 35 ~ 0. 5 mm、两面绝缘的硅钢片叠成，以减小交变磁通引起的涡流损耗。定子铁芯的内表面冲有沟槽，用来嵌放绕组，定子铁芯固定在机座内。

(2) 定子绕组

它是电动机的电路部分，由三相对称绕组组成。三相绕组按照一定空间角度依次嵌放在定子槽内，并与铁芯绝缘。三相绕组的 6 个出线端都从内部引到机座外壳的接线盒内。

三相交流鼠笼式异步电动机的绕组有星形和三角形两种接法，在使用中要根据电动机的铭牌标记和电源电压的具体情况连接，两种连接方法如图 1—40 所示。

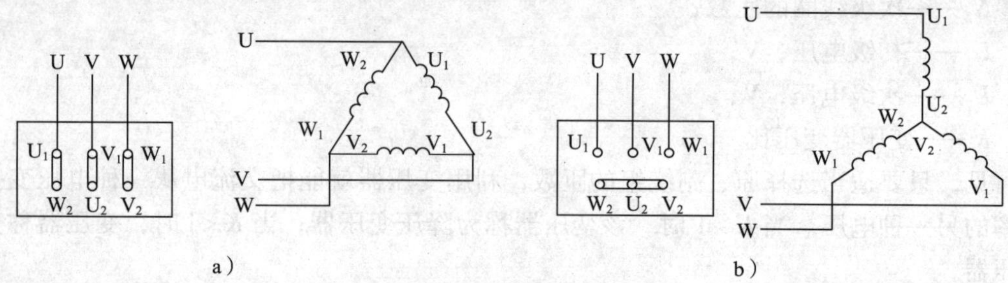

图 1—40 定子绕组的接法

a）△接法 b）Y形接法

（3）机座

机座由铸铁或铸钢制成，用来固定定子铁芯和定子绕组。机座的两端有两个端盖，用以支撑转子轴。

2. 转子

转子由转子铁芯和转子绕组、转轴三部分组成。

（1）转子铁芯

转子铁芯同样使用相互绝缘的硅钢片叠压而成。在硅钢片外圆上冲有均匀的沟槽，称为导线槽。

（2）转子绕组

鼠笼式转子绕组在转子导线槽内嵌放铜条或铝条，并在两端用金属环焊接成鼠笼形。中小型异步电动机鼠笼式转子采用熔化的铝浇铸在转子导线槽内，连同短路环、风扇叶等铸成整体。

（3）转轴

转轴是用来传递转矩的。

3. 工作原理

三相异步电动机接上三相交流电源后，在定子的三相绕组中有三相对称交流电通过，三相对称交流电在定子内部，产生一个在空间旋转的磁场。这个旋转磁场与转子中的感应电流相互作用产生电磁转矩，从而使转子转动。

（1）旋转磁场的产生

三相异步电动机有三个定子绕组：U_1U_2，V_1V_2，W_1W_2，它们在定子铁芯内表面以互差 120°的电角度排列着，三相绕组与电源接通，在定子绕组中有三相电流通过时，三相电流的波形如图 1—41 所示。设电流的正方向是从绕组始端进入从末端流出。

1）在 $t_0=0$ 时。绕组 U_1U_2 中的电流 $I_U=0$；绕组 V_1V_2 中的电流 I_v 为负，电流从 V_2 端流入，从 V_1 端流出；绕组 W_1W_2 中的电流 I_w 为正，电流从 W_1 端流入，从 W_2 端流出。根据右手螺旋定则可知，这时 3 个绕组产生的合成磁场的方向如图 1—41a 中的箭头所示。

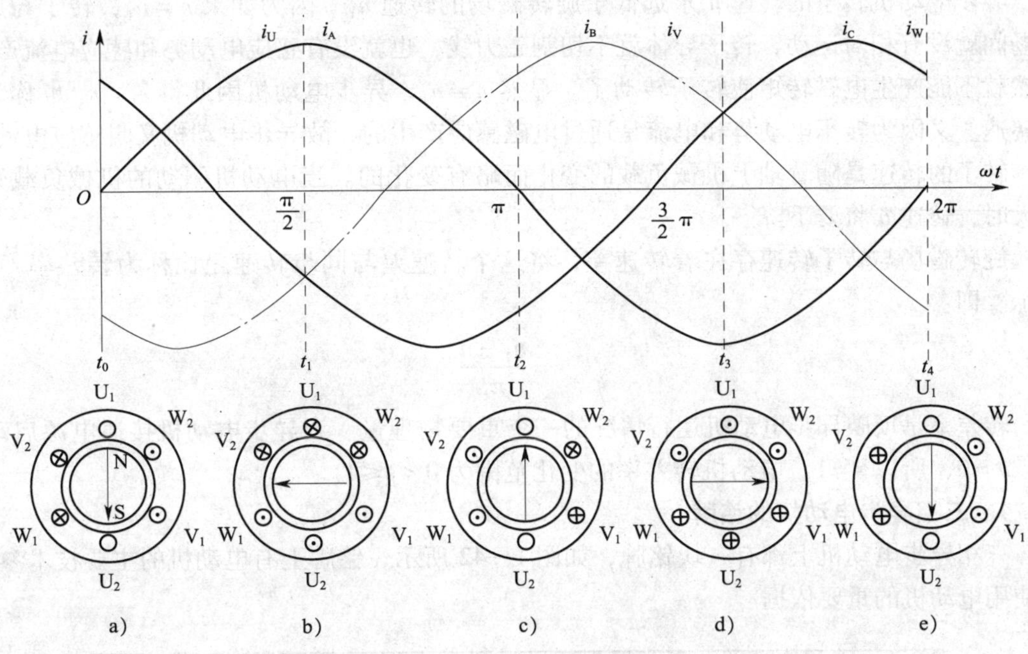

图 1—41　旋转磁场的产生

2）在 $t_1=\pi/2$ 时。此时，I_v 为负、I_w 为负、I_u 为正，3 个绕组合成磁场的方向如图 1—41b 所示。与 $t_0=0$ 的时刻相比可看出，磁极的位置已沿顺时针方向转过了 90°。

3）同理在 $t_2=\pi$ 时，3 个绕组电流的合成磁场方向如图 1—41c 所示。

4）在 $t_3=3\pi/2$ 时，3 个绕组电流的合成磁场方向如图 1—41d 所示。

5）在 $t_4=2\pi$ 时。电流已变化了整整一个周期 T，这时，3 个绕组中电流的情况与 t_0 时刻相同，所以合成磁场的情况也与图 1—41a 中的相同。

由上面的分析可见，当定子绕组中通入三相对称电流时，它们共同产生的合成磁场是随电流的变化而在空间不断地旋转，这就是旋转磁场。

（2）旋转磁场的转速

由以上旋转磁场的分析可知，电流变化一周，磁场也正好在空间旋转一周，若电流频率为 f，则两极旋转磁场每分钟的转速为 $n_1=60f$（r/min）。只要按一定规律安排和连接定子绕组，就可获得不同极对数的旋转磁场，产生不同的转速，其关系为：

$$n_1=\frac{60f}{p}$$

式中　n_1——旋转磁场转速，r/min；

f——电源频率，Hz；

p——为电动机的极对数。

（3）异步转动的原理与转差率

当定子绕组产生旋转磁场后，转子与旋转磁场间就有相对运动，转子导体就切割磁力线，产生感应电动势和感应电流，在感应电流和旋转磁场的作用下，电动机的转子将随着旋转磁场而转动。

异步电动机转子的转速 n 永远低于旋转磁场的转速 n_1。因为如果 $n=n_1$，转子与旋转磁场间就没有相对运动，转子导体就不切割磁力线，也就没有感应电动势和感应电流产生，当然就不能产生电磁转矩使转子转动了。显然 $n \neq n_1$，异步电动机因此得名，n_1 也称为同步转速。又因为转子电动势和电流是通过电磁感应产生的，故异步电动机又叫感应电动机。

转子的转速是随着轴上机械负载的变化而略有变化的。当电动机驱动的机械负载转矩增大时，转速 n 将要下降。

旋转磁场与转子转速存在着转速差，将这个转速差与同步转速之比称为转差率，用 s 表示。即：

$$s=\frac{n_1-n}{n_1}$$

转差率是反映异步电动机运行情况的一个重要物理量。当异步电动机接通电源启动瞬间，$n=0$，所以 $s=1$。电动机转差率的变化范围为 $0<s\leq1$。

4. 三相异步电动机的铭牌

三相异步电动机上都有一块铭牌，如图 1—42 所示，铭牌上有电动机的主要技术参数，是使用电动机的重要依据。

三相异步电动机					
型号	Y90L–4	电压	380 V	接法	Y
容量	1.5 kW	电流	3.7 A	工作方式	连续
转速	1 400 r/min	功率因数	0.79	温升	90℃
频率	50 Hz	绝缘等级	B	出厂年月	×年×月
×××电机厂		产品编号		质量	kg

图 1—42　三相异步电动机铭牌

(1) 型号

电动机的型号按照国家标准规定，包含产品代号、规格代号等。

(2) 额定电压

额定电压 U_N 表示电动机额定运行时，加在定子绕组上的线电压。

(3) 额定电流

额定电流 I_N 表示电动机在额定负载下，定子绕组的线电流。

(4) 额定功率（容量）

额定功率 P_N 表示电动机在额定状态下，轴上输出的机械功率。

(5) 额定转速

额定转速 n_N 表示电动机在额定状态下的转速。

(6) 绝缘等级（温升）

绝缘等级表示电动机绕组的绝缘材料在使用中能够承受的极限温度，具体温升见表 1—1。

表 1—1　　绝缘等级

绝缘等级	Y	A	E	B	F	H	C
极限温度℃	90	105	120	130	155	180	>180

(7) 接法

接法表示电动机在额定状态下的定子三相绕组连接方式，有 Y 形和△形两种。

课后练习

一、填空题

1. 变压器中最主要的部件是________和________，它是根据________原理制成的。

2. 三相电动机按运转情况又可分为________电动机和________电动机。

3. 电动机的定子由__________、__________和________三部分组成。

二、判断题

1. 变压器不但能改变交流电的电压，还能改变直流电的电压。（　）

2. 变压器的基本原理是电磁感应原理。（　）

3. 变压器中匝数多的绕组，一定是高压绕组。（　）

4. 三相异步电动机转差率为 0 也能工作。（　）

5. 电动机的额定功率是指它的输入功率。（　）

三、选择题

1. 三相异步电动机具有结构简单、工作可靠、质量轻、（　）等优点。

A. 调速性能好　　B. 价格低　　C. 功率因数高　　D. 交直流两用

2. 三相异步电动机铭牌上的额定功率是指（　）。

A. 输入的有功功率　　B. 轴上输出的机械功率

C. 视在功率　　D. 电磁功率

3. 三相异步电动机中，不能改变旋转磁场转速的方法是（　）。

A. 定子绕组由 Y 改为 YY　　B. 改变磁极的对数

C. 改变电源的频率　　D. 改变电压的高低

4. 异步电动机工作在电动状态时，其转差率的范围是（　）。

A. $s=1$　　B. $s>1$　　C. $-1<s<0$　　D. $0<s\leqslant 1$

5. Y 系列电动机铭牌上标明是 B 级绝缘，所使用绝缘材料的最高允许温度为（　）℃。

A. 90　　B. 180　　C. 120　　D. 130

6. 变压器的基本作用是在交流电路中变电压、变电流、变阻抗、（　）和电气隔离。

A. 变磁通　　B. 变相位　　C. 变功率　　D. 变频率

7. 变压器的铁芯可以分为（　）和芯式两大类。

A. 同心式　　B. 交叠式　　C. 壳式　　D. 笼式

8. 变压器是将一种交流电转换成同频率的另一种（　）的静止设备。

A. 直流电　　B. 交流电　　C. 大电流　　D. 小电流

9. 三相异步电动机的额定电压是指正常工作时的（　　）。

A. 相电压　　B. 线电压　　C. 感应电压　　D. 对地电压

10. 三相异步电动机的额定转速是指满载时的（　　）。

A. 转子转速　　B. 磁场转速　　C. 皮带转速　　D. 齿轮转速

11. 三相异步电动机定子的各相绕组在每个磁极下应均匀分布，以达到（　　）的目的。

A. 磁场均匀　　B. 磁场对称　　C. 增强磁场　　D. 减弱磁场

四、问答与计算题

1. 变压器的作用是什么？它由哪些主要部分组成？

2. 一个变压器初级为 2 500 匝，次级为 200 匝，初级接在 220 V 交流电源上，次级电压是多少？

3. 三相异步电动机主要由哪几个部分组成？定子绕组和转子绕组各起什么作用？

4. 简述三相异步电动机的工作原理。

第五节　常用低压电器基础知识

学习目标

1. 了解常见低压电器的分类。

2. 掌握常见低压电器的结构、功能与符号。

低压电器是起接通和断开电路，或起调节、控制和保护功能的电器。由控制电器组成的自动控制系统称为继电器—接触器控制系统，简称电气控制系统。

低压电器的用途广泛，功能多样，种类繁多。低压电器按用途可以分成控制电器、主令电器、保护电器、执行电器、配电电器。

（1）控制电器：用于各种控制线路和控制系统的电器，如：接触器、继电器等。

（2）主令电器：用于自动控制系统中发送指令的电器，如：按钮、行程开关、万能转换开关、接近开关等。

（3）保护电器：用于保护电路及用电设备的电器，如：熔断器、热继电器、过流继电器等。

（4）执行电器：用于完成某种动作或传动功能的电器，如：电磁铁、电磁离合器等。

（5）配电电器：用于电能的输送和分配的电器，如：高压断路器、隔离开关、刀开关、低压断路器等。

低压电器按动作原理分成手动电器和自动电器。

（1）手动电器：用人手或依靠机械外力进行操作的电器，如：手动开关、控制按钮、行程开关等。

（2）自动电器：借助于电磁力或某个物理量的变化自动进行操作的电器，如：接触器、热继电器、过流继电器、电磁阀等。

一、低压开关

低压开关是最普通、使用最早的电器。其作用是：分合电路、分断电流。常用的有刀开关、隔离开关、负荷开关、转换开关（组合开关）、低压断路器等。

1. 刀开关

常用的刀开关的实物及图形、文字符号如图 1—43 所示。

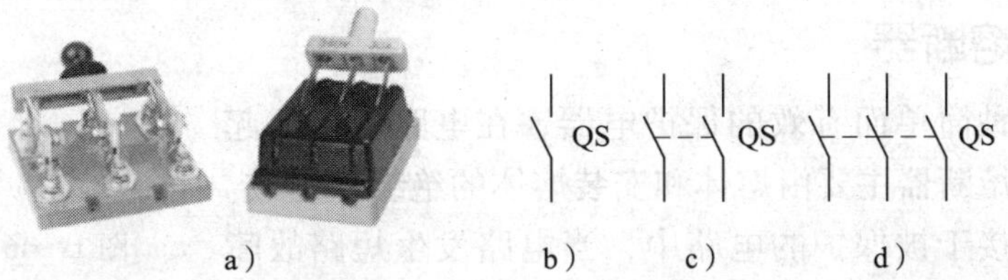

图 1—43　刀开关实物与符号

a）HD 系列、HK 系列刀开关　b）单极开关　c）双极开关　d）三极开关

刀开关是手动电器中结构最简单的一种，主要作为电源隔离开关，也可用来非频繁地接通和分断容量较小的低压配电线路。接线时应将电源线接在上端，负载接在下端，这样拉闸后刀片与电源隔离，可防止意外事故的发生。

2. 低压断路器

低压断路器也称为空气开关，可用来接通和分断负载电路，也可用来控制不频繁启动的电动机。低压断路器具有多种保护功能（过载、短路、过流保护等），低压断路器具有动作值可调、分断能力强、操作方便、安全等优点，是低压配电网中一种重要的保护电器，目前被广泛应用。

低压断路器外形如图 1—44 所示，符号如图 1—45 所示。低压断路器主触头是靠手动操作或电动合闸的。主触头闭合后，自由脱扣机构将主触头锁在合闸位置上，过电流脱扣器的线圈和热脱扣器的热元件与主电路串联，欠电压脱扣器的线圈和电源并联。当电路发生短路或严重过载时，过电流脱扣器的衔铁吸合，使自由脱扣机构动作，断开主电路。当电路过载时，热脱扣器的热元件发热使双金属片向上弯曲，推动自由脱扣机构动作。当电路欠电压时，欠电压脱扣器的衔铁释放，也使自由脱扣机构动作。

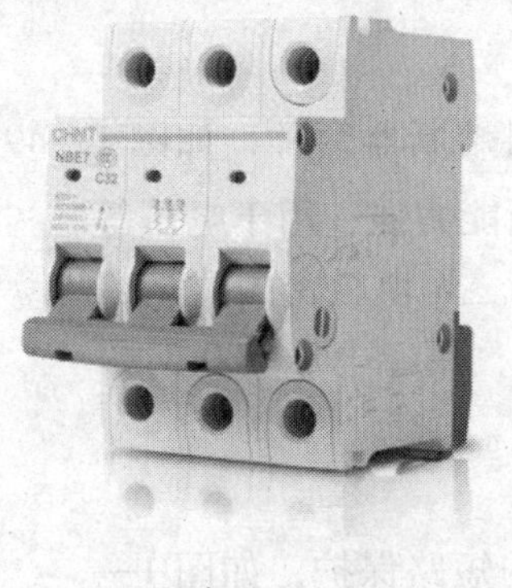

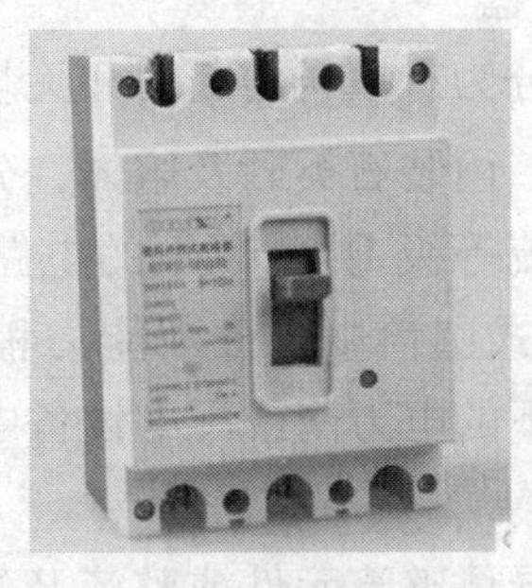

a）　　　　　　　　b）

图 1—44　低压断路器

a）NBE7 系列低压断路器　b）MYM10 系列塑壳断路器

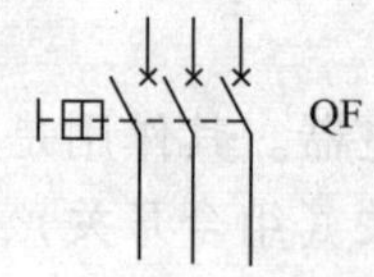

图 1—45　低压断路器符号

二、低压熔断器

熔断器是一种简单而有效的保护电器，在电路中主要起短路保护作用。熔断器主要由熔体和安装熔体的绝缘座组成。使用时，熔体串接于被保护的电路中，当电路发生短路故障时，熔体被瞬时熔断而分断电路，起到保护作用，它的图形符号和文字符号如图 1—46 所示。

图 1—46　熔断器符号

1. 插入式熔断器

它常用于 380 V 及以下电压等级电气设备的短路保护，实物如图 1—47 所示。

2. 螺旋式熔断器

熔体上的上端盖有玻璃孔观察窗，内有熔断指示器，一旦熔体熔断，指示器马上弹出。它常用于机床电气控制设备中，如图 1—48 所示。它分断电流较大，可用于电压等级 500 V 及其以下、电流等级 200 A 以下的电路中，作短路保护。

图 1—47　RC1A 系列插入式熔断器

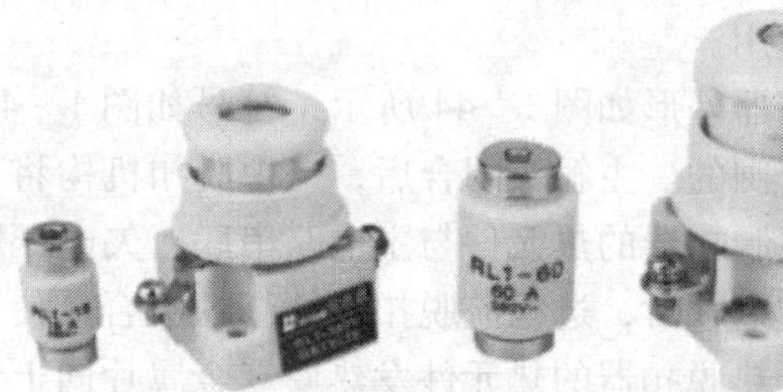

图 1—48　RL1 系列螺旋式熔断器

3. 封闭式熔断器

封闭式熔断器分为有填料熔断器和无填料熔断器两种，如图 1—49 所示。有填料熔断器一般用方形瓷管，内装石英砂及熔体，分断能力强，用于电压等级 500 V 以下、电流等级 1 kA 以下的电路中。无填料密闭式熔断器将熔体装入密闭式圆筒中，分断能力稍小，用于电压 500 V 以下、电流 600 A 以下的电力网或配电设备中。

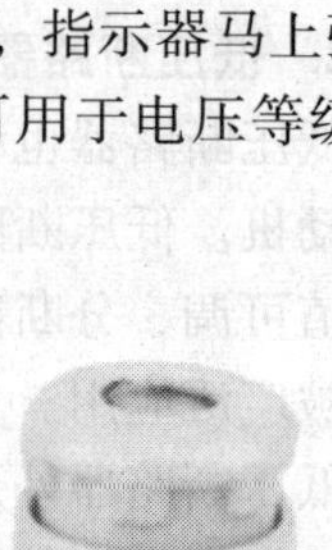

图 1—49　RT0 系列封闭式熔断器

4. 快速熔断器

它主要用于半导体整流元件或整流装置的短路保护，如图 1—50 所示。由于半导体元件的过载能力很低，只能在极短时间内承受较大的过载电流，因此，要求短路保护具有快速熔断的能力。快速熔断器的结构和有填料封闭式熔断器基本相同，但熔体材料和形状不同，它是以片冲制的有 V 形深槽的变截面熔体。

图 1—50　RS3 系列快速熔断器

三、交流接触器

交流接触器是一种用来自动接通或断开大电流电路的电器。外形如图 1—51 所示，它可以频繁地接通或分断交流电路，并可实现远距离控制。其主要控制对象是电动机，也可用于电热设备、电焊机、电容器组等其他负载。它还具有欠电压保护功能，接触器具有控制容量大、过载能力强、使用寿命长、设备简单、经济等特点，是电气传动自动控制线路中使用最广泛的电器元件。交流接触器的图形符号、文字符号如图 1—52 所示。

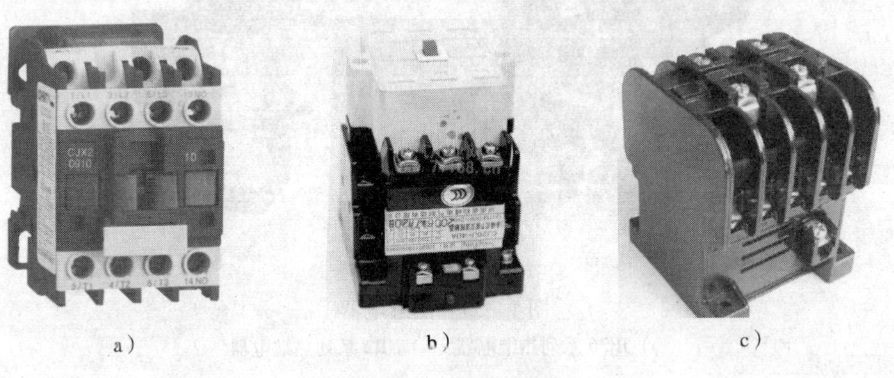

图 1—51　交流接触器

a）CJX2 系列交流接触器　b）CJ20 系列交流接触器　c）CJ10 系列交流接触器

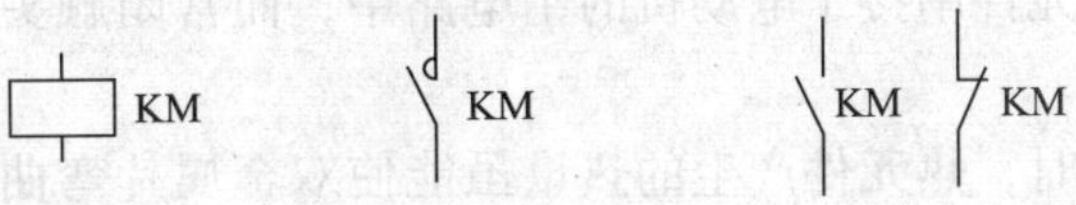

KM　KM　KM　KM

a）　b）　c）

图 1—52　交流接触器符号

a）线圈　b）主触头　c）辅助触头

交流接触器由以下四部分组成。

1. 电磁机构

电磁机构由线圈、动铁芯（衔铁）和静铁芯组成，其作用是将电磁能转换成机械能，产生电磁吸力带动触头动作。

2. 触头系统

触头系统包括主触头和辅助触头。主触头用于通断主电路，通常为三对常开触头。辅助触头用于控制线路，一般常开、常闭各两对。

3. 灭弧装置

容量在 10 A 以上的接触器都有灭弧装置，对于小容量的接触器，常采用桥式双断点触头灭弧、电动力灭弧、相间弧板隔弧及陶土灭弧罩灭弧；对于大容量的接触器，采用纵缝灭弧罩及栅片灭弧。

4. 其他部件

交流接触器还包括反作用弹簧、缓冲弹簧、触头压力弹簧、短路环、传动机构及外壳等其他部件。

四、热继电器

热继电器主要用于电气控制系统中，对电动机进行过载保护，常用的热继电器外形如图 1—53 所示。

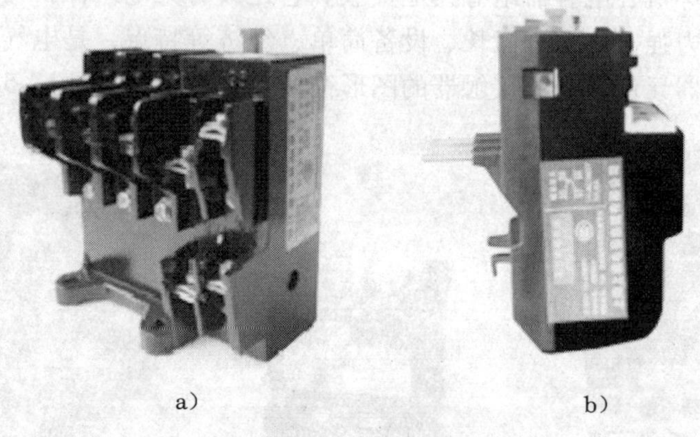

a）　　　　b）

图 1—53　热继电器

a）JR36 系列热继电器　b）NR2 系列热继电器

热继电器主要由热元件、双金属片和触头组成，如图 1—54 所示，热元件由发热电阻丝做成。双金属片由两种热膨胀系数不同的金属碾压而成，当双金属片受热时，会出现弯曲变形。使用时，把热元件串接于电动机的主电路中，而常闭触头串接于电动机的控制线路中。

当电动机正常运行时，热元件产生的热量虽能使双金属片弯曲，但还不足以使热继电器的触头动作。当电动机过载时，双金属片弯曲位移增大，推动导板使常闭触头断开，从而切断电动机控制线路以起保护作用。

热继电器根据复位形式，可分为手动复位和自动复位两种形式，可以通过热继电器上的调节螺钉，设置成不同的复位形式。

当热继电器设定为手动复位时，热继电器动作后，要等双金属片冷却后按下复位按钮复位。而当热继电器设定为自动复位时，当热继电器的双金属片冷却后将自动复位。

热继电器的图形及文字符号如图 1—55 所示。

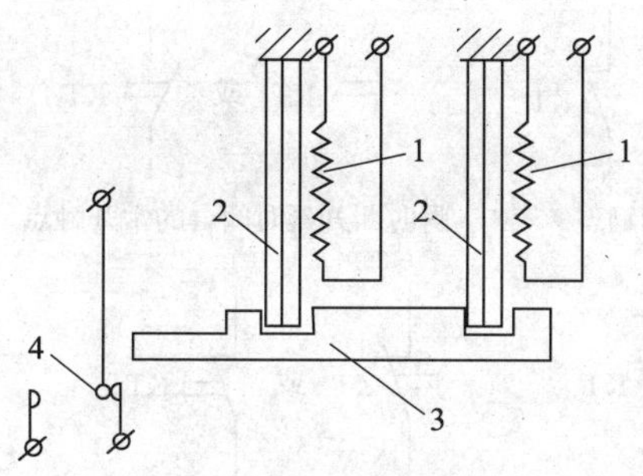

图 1—54　热继电器原理示意图

1—热元件　2—双金属片

3—导板　　4—输出触头

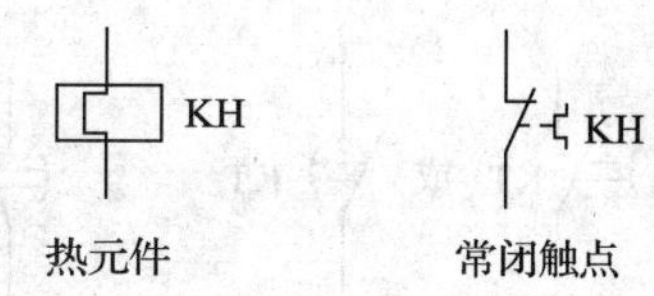

图 1—55　热继电器的图形及文字符号

五、时间继电器

时间继电器在电路中起使信号延时送出的作用。

1. 气囊式时间继电器

气囊式时间继电器是利用空气阻尼原理获得延时的。它由电磁系统、延时机构和触头三部分组成。电磁机构为直动式双 E 型，触头系统是微动开关，延时机构采用气囊式阻尼器。如图 1—56 所示为气囊式时间继电器的外形。

图 1—56　JS7 - A 系列时间继电器

气囊式时间继电器可以是通电延时型，也可改装成断电延时型。时间继电器的触头种类很多，它的图形符号和文字符号如图 1—57 所示。

2. 电子式时间继电器

电子式时间继电器在时间继电器中已成为主流产品。电子式时间继电器采用晶体管或集成电路和电子元件等构成。目前，已有采用单片机控制的时间继电器。

电子式时间继电器具有延时范围广、精度高、体积小、耐冲击和耐振等优点。如图 1—58 所示为 ST3 型电子式时间继电器。

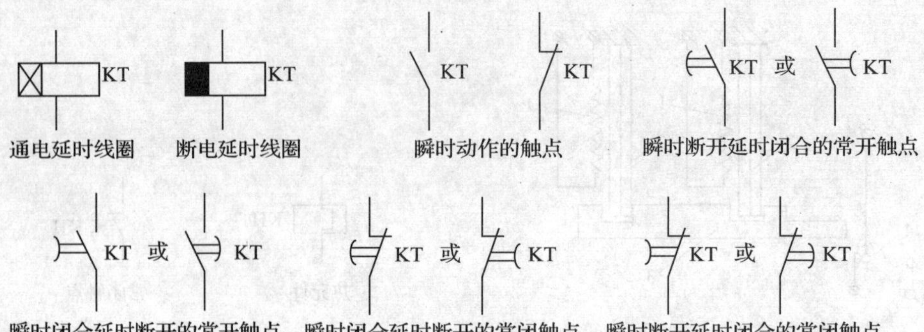

图 1—57　时间继电器的图形符号和文字符号

六、主令电器

控制系统中，主令电器是一种专门发布命令、直接或通过电磁式电器间接作用于控制线路的电器。常用来控制电气传动系统中电动机的启动、停车、调速及制动等。

常用的主令电器有控制按钮、行程开关、接近开关、万能转换开关、主令控制器、脚踏开关、倒顺开关、紧急开关、钮子开关等，本节仅介绍几种常用的主令电器。

图 1—58　ST3 型电子式时间继电器

1．按钮

按钮是一种结构简单、使用广泛的手动主令电器，它可以与接触器或继电器配合，对电动机实现远距离的自动控制。如图 1—59 所示为按钮实物。

a）

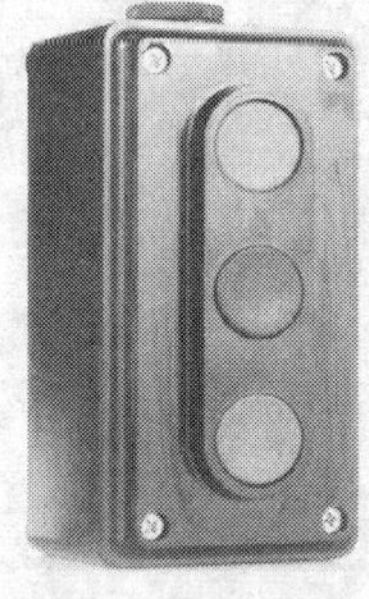

b）

图 1—59　按钮开关

a）LAY3 系列按钮　b）LA4 系列组合按钮

按钮结构如图 1—60 所示，由按钮帽、复位弹簧、桥式触头和外壳等组成，只有常开触头的按钮称为常开按钮，在电路中一般作为启动按钮；只有常闭触头的按钮称为常闭按钮，一般作为停止按钮。

既有常闭触头也有常开触头的按钮称为复合按钮。按下按钮时，常闭触头先断开，常开触头后接通；按钮释放后，在复位弹簧的作用下，按钮触头自动复位，动作顺序和按下时的先后顺序相反。通常，在无特殊说明的情况下，有触头电器的触头动作顺序均为“先断后合”。按钮的图形符号和文字符号如图 1—61 所示。

2. 行程开关

行程开关又称为限位开关，用于控制机械设备的行程及限位保护。在实际工程中，将行程开关安装在预先设定的位置，当生产机械运动部件上的撞块撞击到行程开关的推杆时，行程开关内的微动开关触头动作。因此，行程开关是一种根据运动部件的行程位置而切换电路的电器，它的原理与按钮类似。

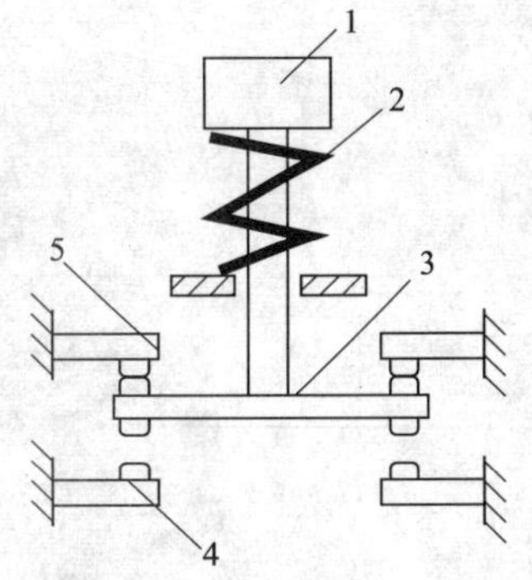

图 1—60 按钮结构示意图

1—按钮帽 2—复位弹簧 3—动触头 4—常开静触头 5—常闭静触头

(1) 直动式行程开关

直动式行程开关的实物如图 1—62 所示，当运动机械的挡板触碰行程开关的推杆时，开关动作，其结构原理如图 1—63 所示，其动作原理与按钮相同。行程开关的图形和文字符号如图 1—64 所示。

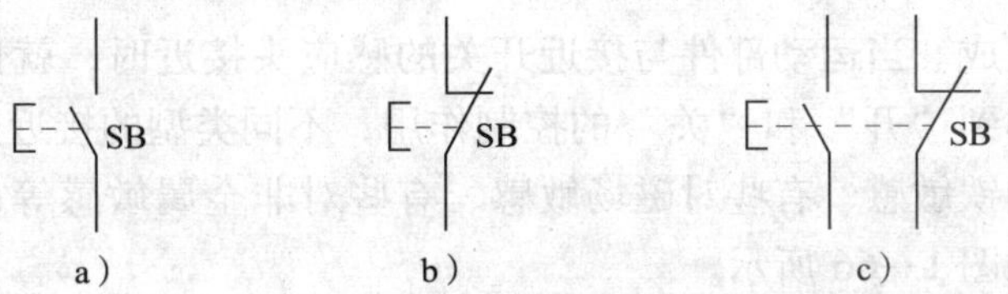

图 1—61 按钮的图形符号和文字符号

a) 常开触点 b) 常闭触点 c) 复合触点

图 1—62 LX19 系列行程开关

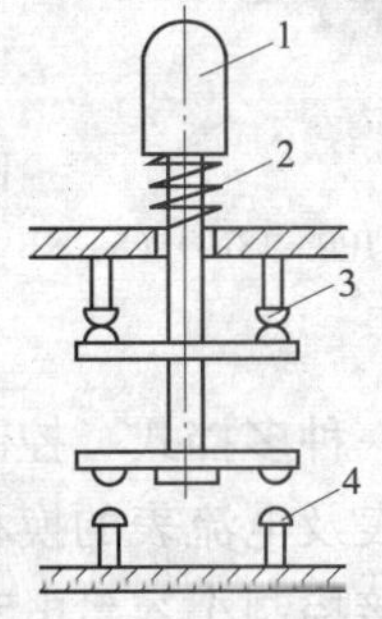

图 1—63 行程开关结构示意图

1—推杆 2—弹簧 3—常闭触头 4—常开触头

(2) 滚轮式行程开关

滚轮式行程开关实物如图 1—65 所示，当被控机械上的撞块撞击带有滚轮的撞杆时，微动开关中的触头迅速动作。当运动机械离开或返回时，在复位弹簧的作用下，各动作部件复位。

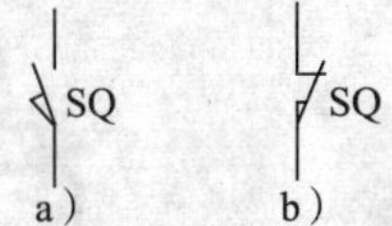

图 1—64 行程开关的图形符号和文字符号

a) 常开触头 b) 常闭触头

滚轮式行程开关又分为单滚轮自动复位和双滚轮（羊角式）非自动复位式，双滚轮行程开关具有两个稳态位置，有“记忆”作用，在某些情况下可以简化线路。

3. 接近开关

接近式位置开关是一种非接触式的位置开关，简称接近开关。它由感应头、高频振荡

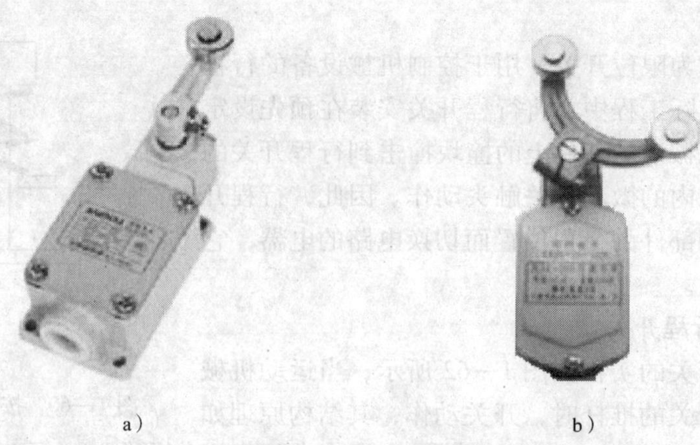

a）　b）

图 1—65　行程开关

a）LX19 系列单滚轮行程开关　b）LX19 系列双滚轮行程开关

器、放大器和外壳组成。当运动部件与接近开关的感应头接近时，就使其输出一个二进制的开关信号，从而起到“开”和“关”的控制作用，不同类型的接近开关对不同性质的物体起作用，有些对钢铁敏感、有些对磁场敏感、有些对非金属敏感等，在使用中要注意区分。其实物与符号如图 1—66 所示。

a）　b）

图 1—66　接近开关

a）IPS－18NO（5）8B 接近开关　b）接近开关图形符号和文字符号

4. 万能转换开关

万能转换开关是一种多挡式、控制多回路的主令电器。万能转换开关主要用于各种控制线路的转换、电压表及电流表的换相测量控制、配电装置线路的转换和遥控等。万能转换开关还可以用于直接控制小容量电动机的启动、调速和换向。

万能转换开关的实物和单层结构如图 1—67 所示。

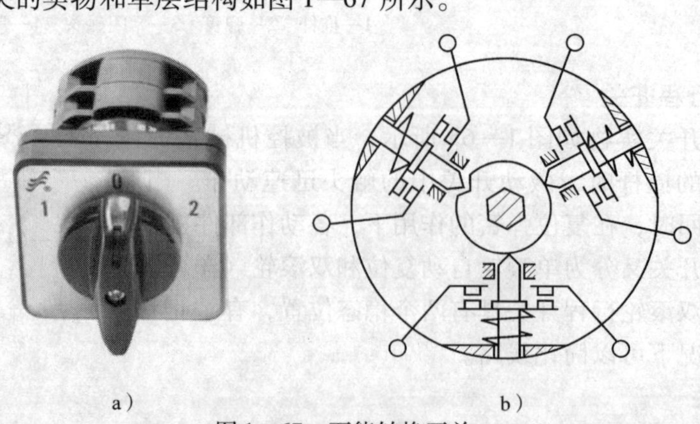

a）　b）

图 1—67　万能转换开关

a）LW6D 系列万能转换开关　b）万能转换开关单层结构示意图

万能转换开关的手柄操作位置是以角度表示的。不同型号的万能转换开关的控制各不相同，其触头的分合状态与操作手柄的位置有关，所以，万能转换开关除在电路图中画出触头图形符号外，还应画出操作手柄与触头分合状态的关系，如图1—68所示。图中当万能转换开关拨向左45°时，触头1－2、3－4、5－6闭合，触头7－8打开；拨向0°时，只有触头5－6闭合；拨向右45°时，触头7－8闭合，其余打开。

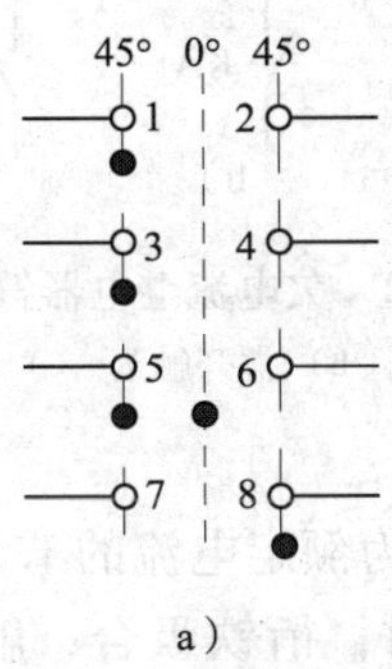

a）

LW5—15D0403/2				
触头编号		45°	0°	45°
	1—2	×		
	3—4	×		
	5—6	×	×	
	7—8			×

b）

图1—68　万能转换开关的图形符号和触头闭合表
a）图形符号　b）触头闭合表

七、其他常用低压电器

1. 中间继电器

中间继电器用于继电保护与自动控制系统中，以增加触头的数量或增加触头的容量。它在控制线路中传递中间信号。中间继电器的结构和原理与交流接触器基本相同，与接触器的区别在于，接触器的主触头可以通过大电流，而中间继电器的触头只能通过小电流。所以，它只能用于控制线路中，它的触头全部都是辅助触头，数量比较多，常用的JZ7－44中间继电器如图1—69所示，中间继电器的符号如图1—70所示。

图1—69　JZ7－44中间继电器

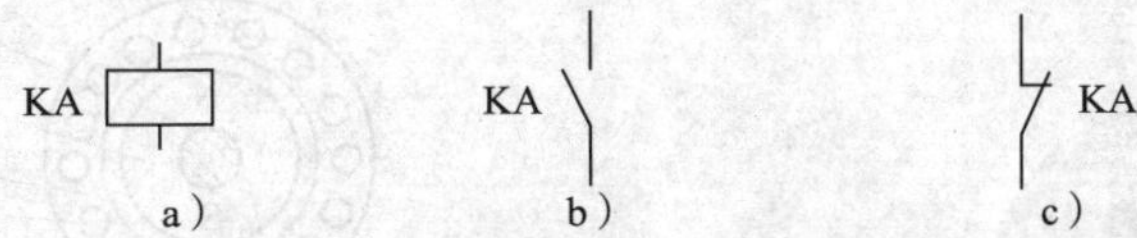

图1—70　中间继电器符号
a）中间继电器线圈　b）中间继电器常开触头　c）中间继电器常闭触头

2. 欠电流继电器

欠电流继电器用于电路的欠电流保护，吸引电流为线圈额定电流的30%～65%，释放电流为额定电流的10%～20%。因此，在电路正常工作时，衔铁是吸合的，只有当电流降低到某一整定值时，继电器释放，使控制线路失电，从而控制接触器及时分断电路。如图1—71所示为欠电流继电器实物，图1—72所示为欠电流继电器符号。

图 1—71　JL14 系列欠电流继电器

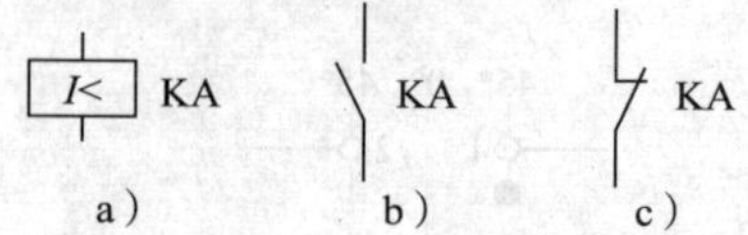

图 1—72　欠电流继电器符号

a）欠电流线圈　b）常开触头　c）常闭触头

3. 过电流继电器

过电流继电器在电路正常工作时不动作，整定范围通常为额定电流的 1.1 ~4 倍，当被保护线路的电流高于额定值，达到过电流继电器的整定值时，衔铁吸合，触头机构动作，使控制线路失电，从而控制接触器及时分断电路，对电路起过流保护作用。如图 1—73 所示为过电流继电器实物，图 1—74 所示为过电流继电器符号。

图 1—73　JL15 系列过电流继电器

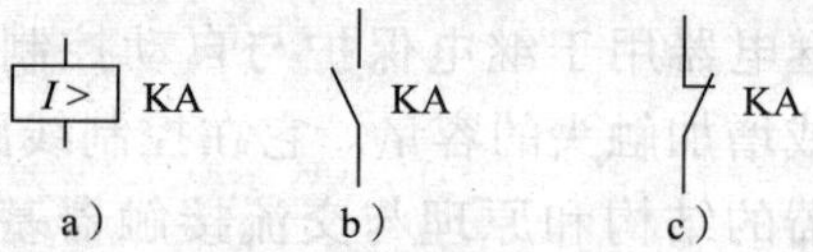

$I>$ KA　　KA　　KA

a）　　b）　　c）

图 1—74　过电流继电器符号

a）过电流线圈　b）常开触头　c）常闭触头

4. 速度继电器

速度继电器主要用于笼型异步电动机的反接制动控制。速度继电器的外形如图 1—75 所示，感应式速度继电器的结构如图 1—76 所示。

图 1—75　JY1 速度继电器

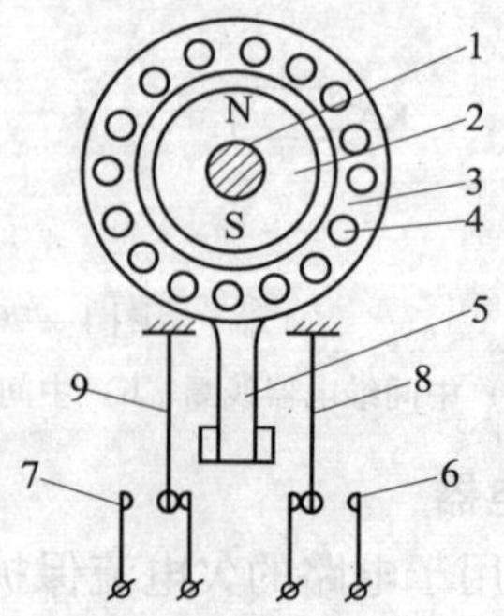

图 1—76　速度继电器结构示意图

1—电动机轴　2—转子　3—定子

4—绕组　5—定子柄　6、7—静触头　8、9—簧片

从结构上看，速度继电器与交流电动机相类似，主要由定子、转子和触头三部分组成。定子的结构与笼型异步电动机相似，是一个笼型空心圆环，由硅钢片冲压而成，并装有笼型绕组。转子是一个圆柱形永久磁铁。

速度继电器的轴与电动机的轴相连接。转子固定在轴上，定子与轴同心。当电动机转动时，速度继电器的转子随之转动，绕组切割磁场产生感应电动势和电流，此电流和永久磁铁的磁场作用产生转矩，使定子向轴的转动方向偏摆，通过定子柄拨动触头，使常闭触头断开、常开触头闭合。当电动机转速下降到接近零时，转矩减小，定子柄恢复原位，触头也复原。其图形及文字符号如图1—77所示。

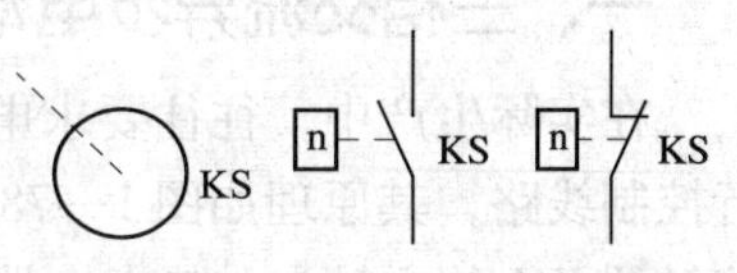

图1—77　速度继电器符号

课后练习

一、填空题

1. 空气开关集＿＿＿＿＿＿＿＿和＿＿＿＿＿＿于一身，除能完成＿＿＿＿和＿＿＿＿电路外，还能对电路或电气设备发生的＿＿、＿＿及＿＿等进行保护。

2. 主令电器有＿＿＿＿、＿＿＿＿和＿＿＿＿等。

3. 刀开关由＿＿＿＿、＿＿＿＿、＿＿＿＿、＿＿＿＿和＿＿＿＿五部分组成。

4. 接触器的电磁机构由＿＿＿＿、＿＿＿＿和＿＿＿＿三部分组成。

5. 双金属片式热继电器的基本结构由＿＿＿＿、＿＿＿、＿＿＿＿、＿＿＿＿、＿＿＿＿＿＿和＿＿＿＿等组成。

6. 热继电器的复位机构有＿＿＿和＿＿＿＿两种形式。

7. 电器按工作电压高低可分为＿＿＿＿＿＿＿＿和＿＿＿＿；按动作方式可分为＿＿＿＿和＿＿＿＿；按执行功能可分为＿＿＿＿和＿＿＿＿。

二、问答题

1. 常见的低压电器有哪些？
2. 行程开关有什么作用？
3. 交流接触器由哪几个部分组成？它在电路中起什么作用？
4. 在生活中见过的主令电器有哪些？它们起什么作用？
5. 画出交流接触器线圈、各类触头的符号。

第六节　一般生产设备的基本电气控制线路

学习目标

1. 掌握三相交流异步电动机单向运行控制线路、正反转控制线路。
2. 掌握三相交流异步电动机顺序控制线路、降压启动控制线路和制动控制线路。

任何复杂的电气控制线路都是按照一定的控制原则，由基本的控制线路组成，基本控制线路是学习电气控制的基础。一般生产设备的基本电气控制线路主要有三相交流异步电动机单向运行控制线路、正反转控制线路、顺序控制线路、降压启动控制线路和制动控制线路。

一、三相交流异步电动机单向运行控制线路

在实际生产中，往往要求电动机能够长时间连续转动，实现此功能的电路称为单向运行控制线路，其原理如图 1—78 所示。该控制线路的主电路由转换开关 QS、熔断器 FU1、接触器 KM 的主触头、热继电器 KH 的发热元件和电动机 M 组成；控制线路由熔断器 FU2、停止按钮 SB2、启动按钮 SB1、接触器 KM 的常开辅助触头和线圈、热继电器 KH 的常闭触头组成。

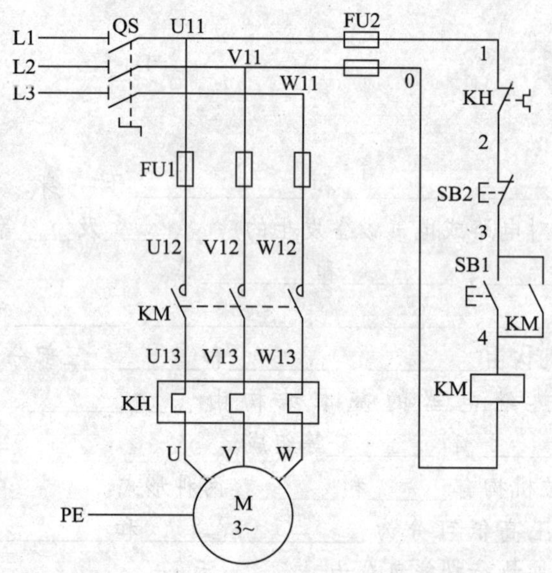

图 1—78　单向连续运行控制线路

1. 工作过程

（1）启动

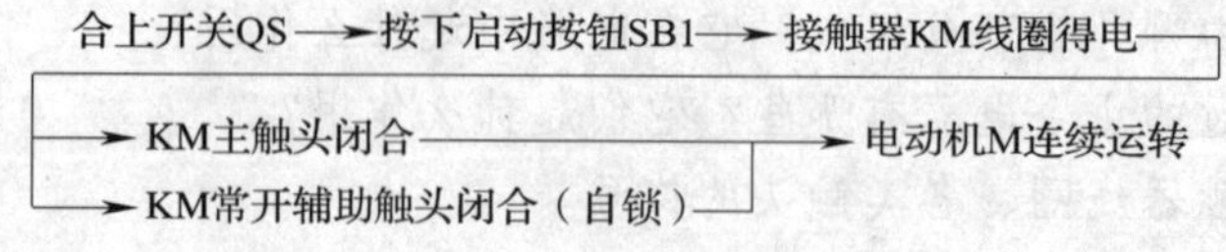

（2）停止

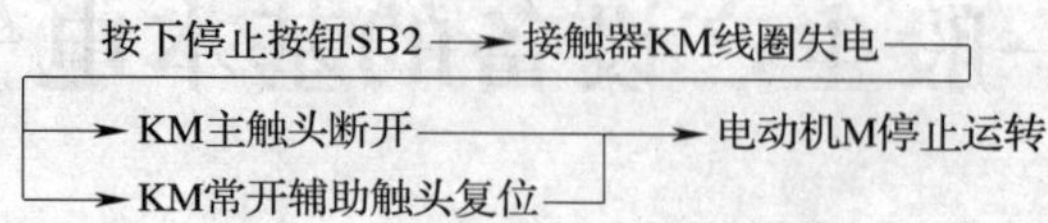

在连续控制电路中，当启动按钮 SB1 松开后，接触器 KM 的线圈通过其辅助常开触头的闭合仍继续保持通电，从而保证电动机的连续运行。这种依靠接触器自身辅助常开触头的闭合而使线圈保持通电的控制方式称为自锁，起到自锁作用的辅助常开触头称为自锁触头。

2. 线路中的保护环节

熔断器 FU 作为电路的短路保护，当发生短路时熔体熔断而切断电路起保护作用。

热继电器 KH 起电动机的过载保护作用，当电路发生过载时，切断控制线路，而使电动机停止工作。在电动机启动时，启动电流达到额定电流的 5 ~ 7 倍，但由于热继电器的热惯性较大，即使发热元件流过几倍于额定值的电流，热继电器也不会立即动作，因此，在电动机启动时间不太长的情况下，热继电器不会误动作。有些热继电器具有断相保护功能，当电动机缺相运行时，能及时断开控制线路，使电动机停转，起到保护电动机的作用。

该电路还具有欠电压、失电压保护功能，当电源电压由于某种原因而严重欠电压或失电压（如停电）时，接触器 KM 断电释放，电动机停止转动。当电源电压恢复正常时，接触器线圈不会自行通电，只有在操作人员重新按下启动按钮后，电动机才能启动，这可防止电源电压恢复时，电动机自行启动而造成设备和人身事故。

二、三相交流异步电动机正反转控制线路

在实际应用中，往往要求生产机械改变运动方向，如工作台左移、右移，卷扬机的上升、下降等，这就要求电动机能实现正、反转。对于三相异步电动机来说，改变任意两相电源就可以使旋转磁场的方向发生改变，而改变电动机的转向。在继电接触控制线路中，可通过两个接触器改变电动机定子绕组的电源相序来实现电动机正反转。

1. 接触器联锁正反转控制线路

接触器联锁正反转控制线路如图 1—79 所示，接触器 KM1 为正向接触器，控制电动机 M 正转；接触器 KM2 为反向接触器，控制电动机 M 反转。

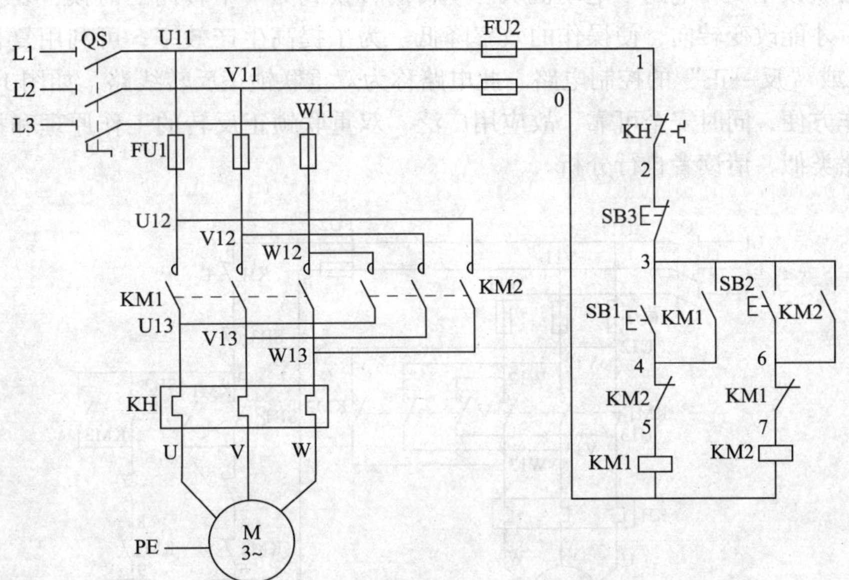

图 1—79　接触器联锁正反转控制线路

在 KM1 和 KM2 的线圈回路中，分别串联 KM2、KM1 的常闭触头，目的是防止 KM1 或 KM2 工作时，出现延时断开、机械卡阻等，不能及时断开主触头，而另一个转向的接触器

吸合，造成三相电源短路现象，此触头称为联锁触头。

电路的工作原理如下。

(1) 正转

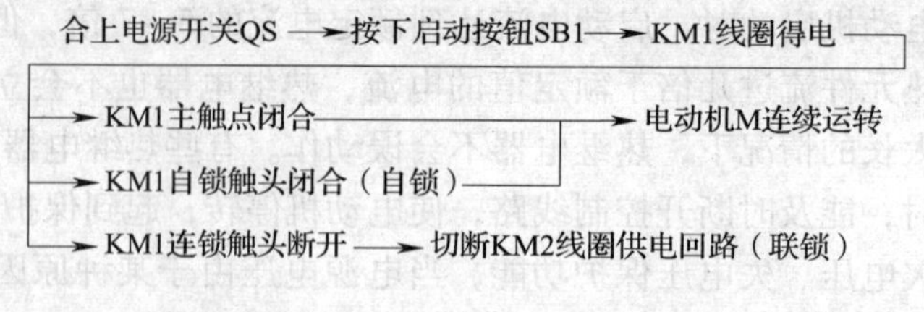

(2) 停止

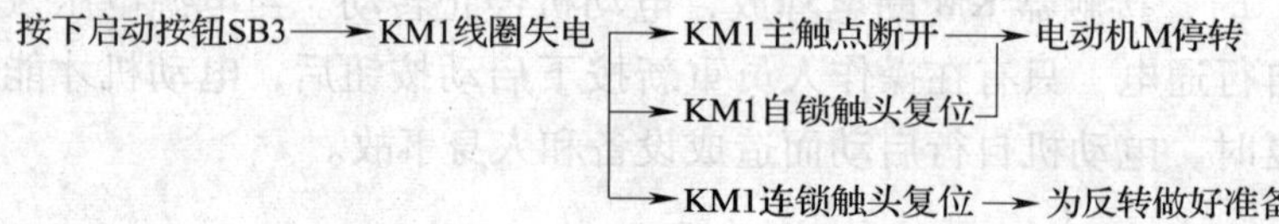

(3) 反转

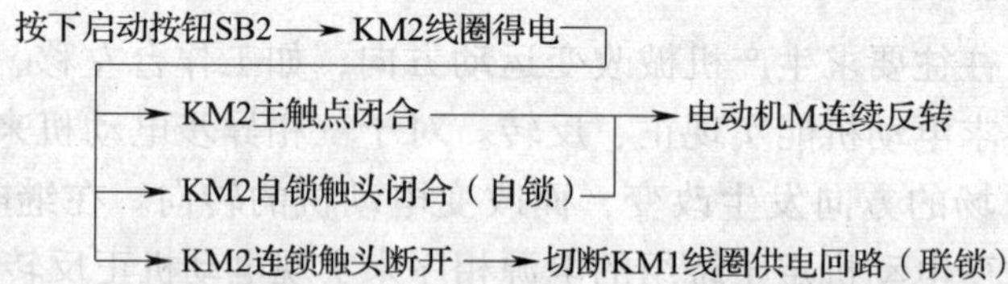

当电动机正转时，按下反转按钮，由于联锁触头的作用，反转电路并不能启动，如果需要反转，则必须按下停止按钮，使正转接触器失电，联锁触头闭合后才能操作。

2. 双重联锁正反转控制线路

接触器联锁正反转电路中电动机从一个转向转换到另一个转向的时候，要按下停止按钮，停止后才能改变转向，使操作的效率降低。为了提高生产效率，可利用复合按钮组成“正→反”或“反→正”的控制电路。此电路称为双重联锁正反转线路，如图1—80所示。该线路操作方便，同时安全可靠，故应用广泛。双重联锁正反转的工作原理和接触器联锁正反转电路类似，请读者自行分析。

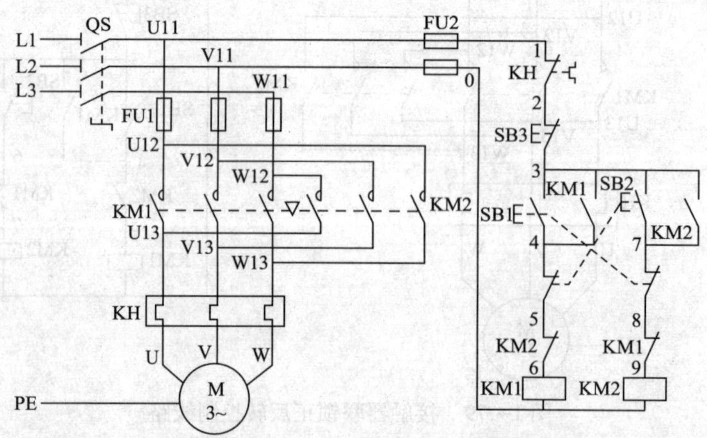

图1—80 双重联锁正反转控制线路

在正反转控制线路中，还有一种利用接触器自身构成的机械联锁装置，称为机械联锁。常用的有机械联锁的接触器实物如图 1—81a 所示，它在原理图中的表示方法如图 1—81b 所示。利用具有机械联锁功能的接触器，使得正反转电路更加可靠，有效防止短路事故的发生。

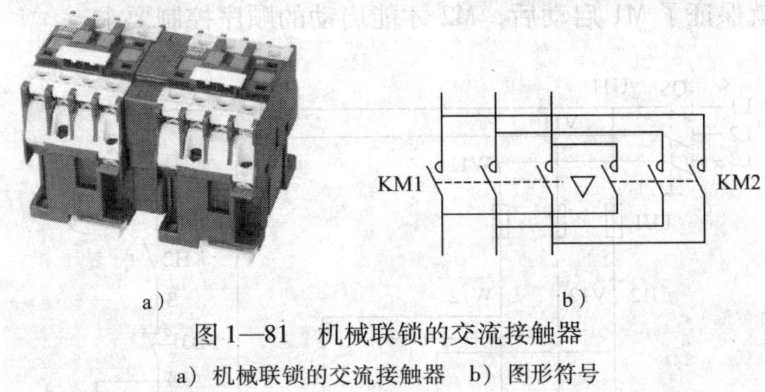

图 1—81　机械联锁的交流接触器

a）机械联锁的交流接触器　b）图形符号

三、三相交流异步电动机顺序控制线路

在装有多台电动机的生产机械上，各电动机所起的作用是不相同的，有时需按一定的顺序启动，才能保证操作过程的合理性及工作的安全可靠。对一台电动机启动后，另一台电动机才能启动的控制方式叫做电动机的顺序控制。实现顺序控制的方法有两种：一种是利用主电路实现的顺序控制，另一种是利用控制线路实现的顺序控制。

1. 主电路的顺序控制线路

主电路的顺序控制线路如图 1—82 所示。其特点是：控制电动机 M2 的接触器 KM2 的主触头串联在 KM1 主触头的下端，虽然接触器 KM2 可以工作，但在主电路中，只有当 KM1 主触头闭合（即 M1 工作）以后，M2 电动机才能得电，以达到顺序控制的目的。

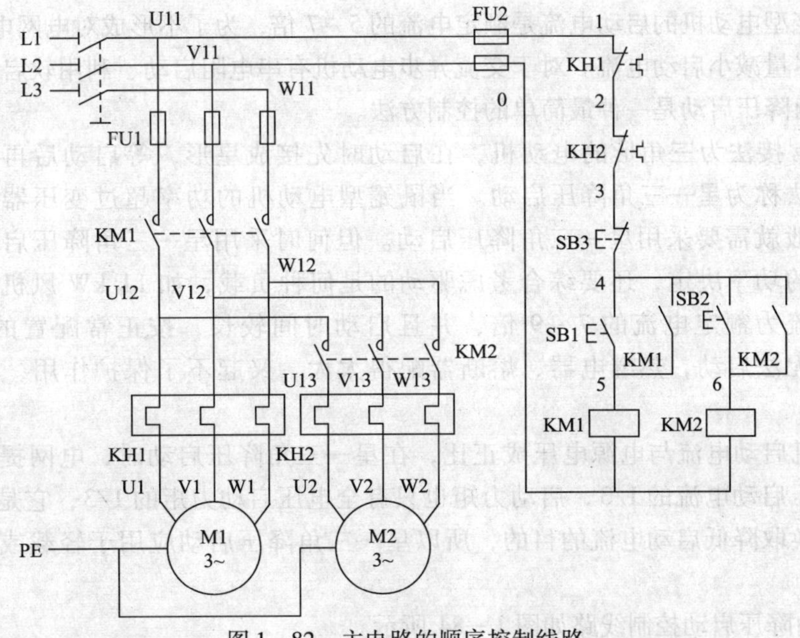

图 1—82　主电路的顺序控制线路

2. 控制线路的顺序控制线路

控制线路实现顺序控制的电路如图 1—83 所示。其特点是：电动机 M2 的控制线路先与接触器 KM1 的线圈并联后再与 KM1 的自锁触头串联，这样只有当 KM1 工作以后，KM2 线圈才能得电，就保证了 M1 启动后，M2 才能启动的顺序控制要求。

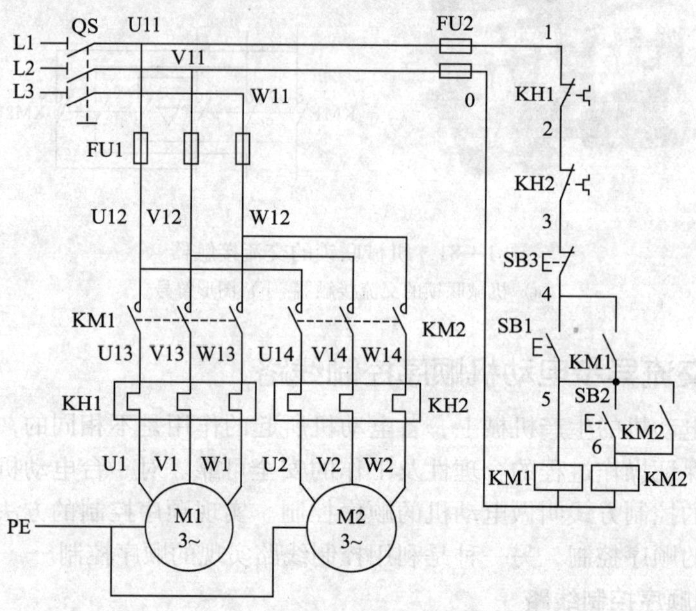

图 1—83　控制线路的顺序控制线路

四、三相交流异步电动机降压启动控制线路

由于鼠笼型电动机的启动电流是额定电流的 5 ~7 倍，为了不形成对电网电压过大的冲击，所以要尽量减小启动电流。对于交流异步电动机有串电阻启动、利用软启动器等方法，其中星—三角降压启动是一种最简单的控制方法。

对于正常接法为三角形的电动机，在启动时先接成星形，等启动后再改接成三角形，这种方法称为星—三角降压启动。当鼠笼型电动机的功率超过变压器额定功率的 10% 时，一般就需要采用星—三角降压启动。但何时采用星—三角降压启动也不能单纯由电动机的功率决定，还要综合考虑驱动的是何种负载，如 11 kW 风机，在启动时电动机的电流为额定电流的 7 ~9 倍，并且启动时间较长，按正常配置的热继电器、熔断器根本无法启动，热继电器、熔断器配得太大，又起不了保护作用，所以也应采用降压启动。

因电动机启动电流与电源电压成正比，在星—三角降压启动时，电网提供的启动电流只有全电压启动电流的 1/3，启动力矩也只有全电压启动力矩的 1/3，它是以牺牲转矩为代价，来换取降低启动电流的目的，所以星—三角降压启动应用于轻载或空载启动的设备中。

星—三角降压启动控制线路如图 1—84 所示。

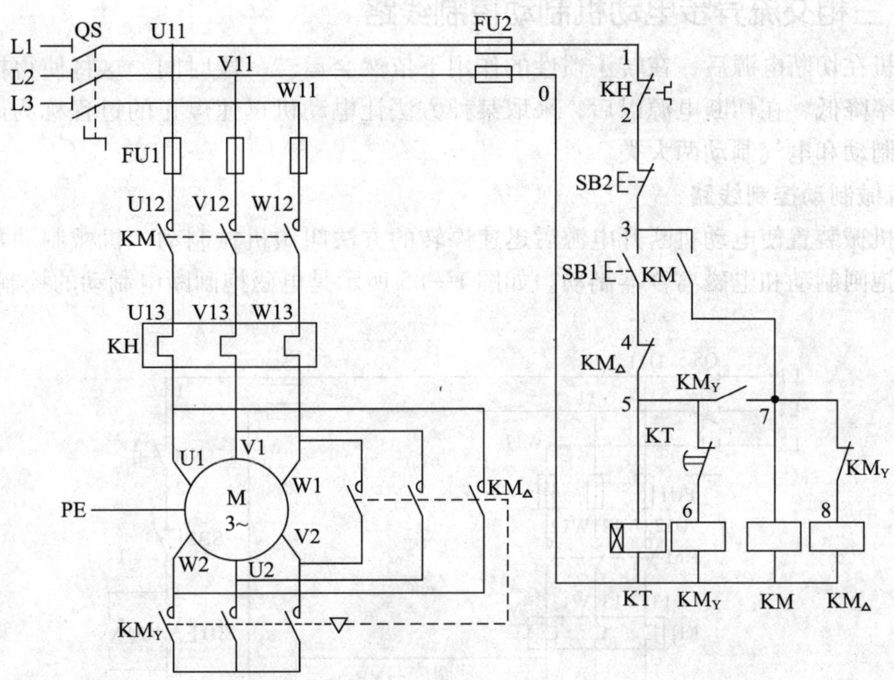

图1—84　星—三角降压启动控制线路

星—三角降压启动控制线路的工作原理如下。

1．启动

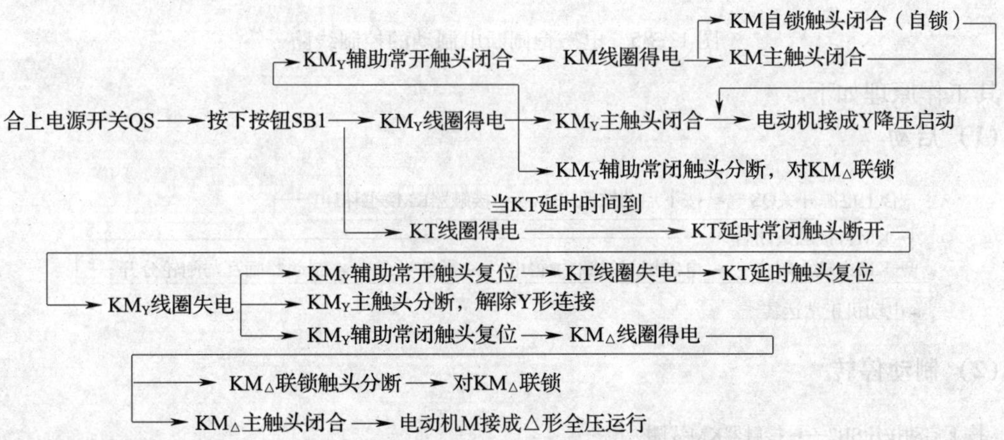

2．停止

五、三相交流异步电动机制动控制线路

电动机在切断电源后，在转子惯性的作用下依然会运转一段时间，这将使得控制精度或工作效率降低，在切断电源以后，采取某种方法让电动机迅速停止的过程称为制动，制动有机械制动和电气制动两大类。

1. 机械制动控制线路

利用机械装置使电动机断开电源后迅速停转的方法叫做机械制动。机械制动常用的方法有电磁抱闸制动和电磁离合器制动。如图 1—85 所示是电磁抱闸断电制动的控制线路。

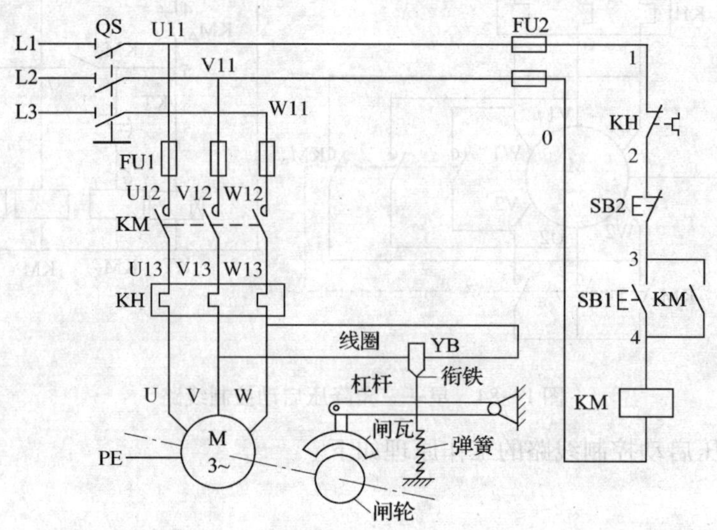

图 1—85　电磁抱闸断电制动的控制线路

其工作原理如下。

(1) 启动

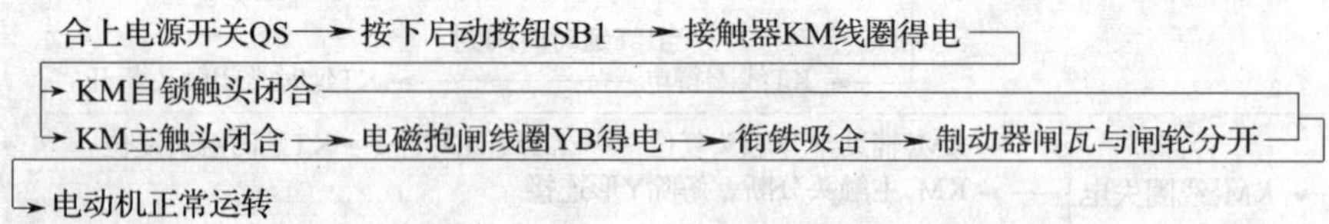

(2) 制动停转

按下启动按钮SB2→接触器KM线圈失电

→KM自锁触头复位（为下次启动做准备）

→KM主触头断开→电磁抱闸线圈YB失电→衔铁释放→制动器闸瓦与闸轮抱紧 →电动机制动停转

→电动机惯性运行

2. 电气制动控制线路

使电动机在切断电源停转过程中，产生一个和电动机实际旋转方向相反的电磁力矩，迫使电动机迅速停转的方法叫做电气制动。其方法有反接制动、能耗制动、电容制动及再

生发电制动。三相笼型异步电动机多采用反接制动和能耗制动两种制动方法。

(1) 反接制动

单向启动反接制动控制线路如图 1—86 所示。

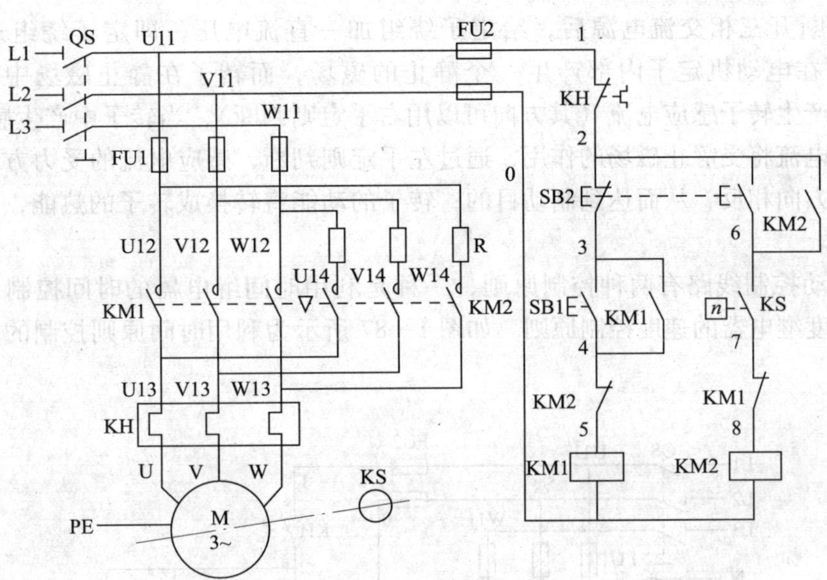

图 1—86　单向启动反接制动控制线路

其工作原理如下。

1）启动。

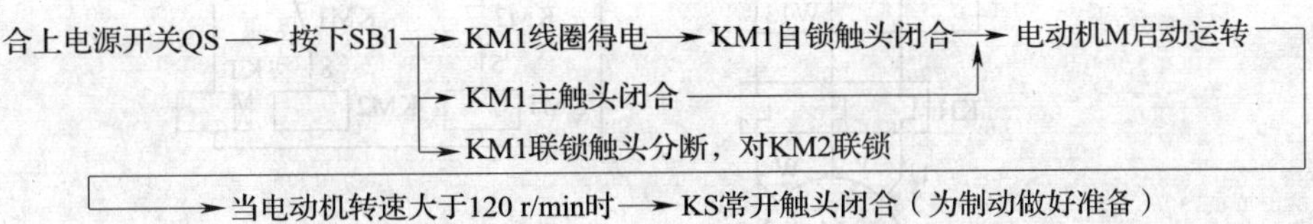

2）制动。

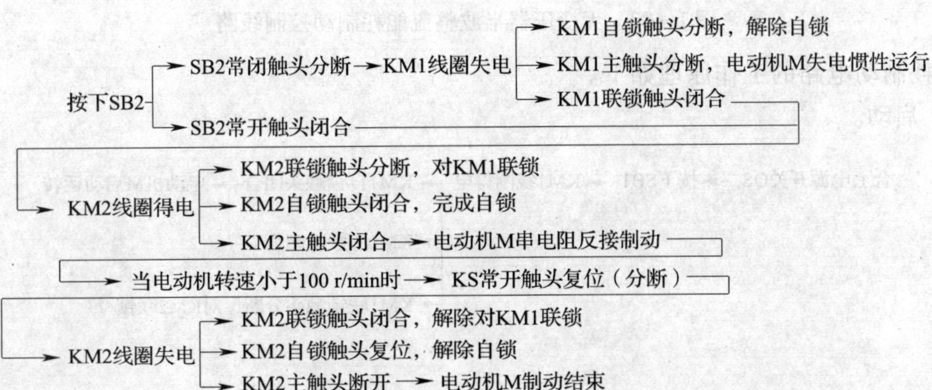

电路中的电阻 R 起限制反接制动电流的作用。该电路的缺点是在制动中冲击较大，易损坏传动机件，且制动能量损耗大，故这种制动方式仅适用于制动要求迅速、系统惯性大而制动不太频繁的场合。

（2）能耗制动

电动机断开三相交流电源后，给定子绕组加一直流电压，即定子绕组通入直流电流，此时将在电动机定子内部产生一个静止的磁场，而转子在静止磁场中做切割磁力线运动，将产生转子感应电流（其方向可以用右手定则判断），当转子中产生感应电流后，产生的感应电流将受静止磁场的作用，通过左手定则判断，感应电流的受力方向和电动机转子的转动方向相反，从而达到制动目的；转子的动能将转换成转子的热能，以发热的方式散发出去。

能耗制动控制线路有两种控制原则，一种是利用时间继电器的时间控制原则，另一种是利用速度继电器的速度控制原则。如图 1—87 所示为利用时间原则控制的能耗制动电路。

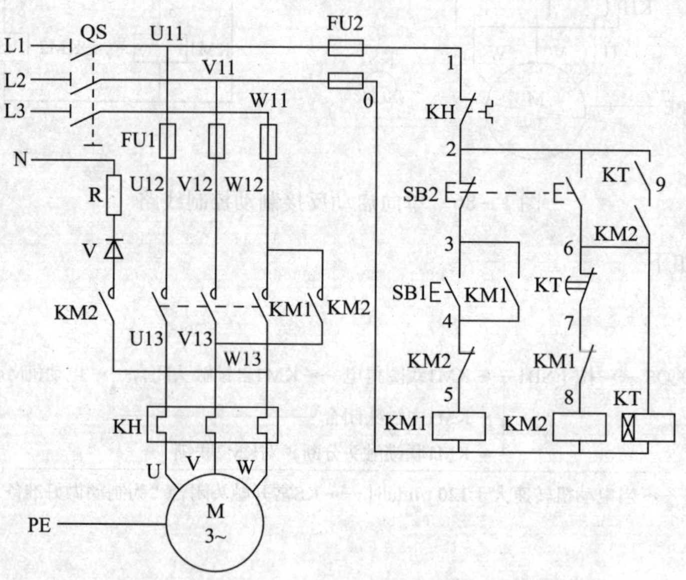

图 1—87　无变压器半波整流能耗制动控制线路

能耗制动电路的工作原理如下。

1）启动。

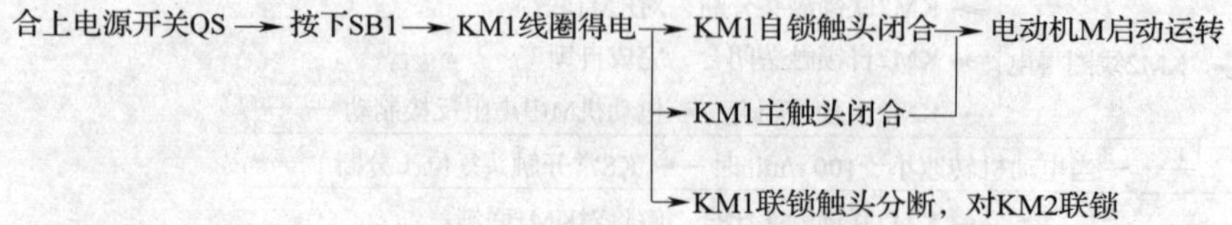

2）制动停止。

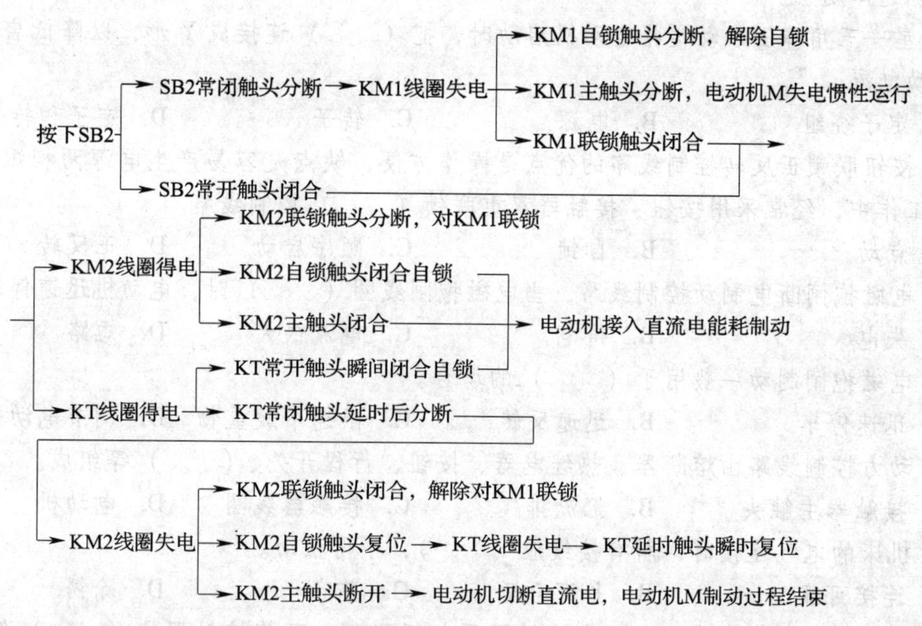

课后练习

一、填空题

1. 交流接触器自锁控制电路，具有________与________保护功能。

2. 在图1—78单向连续运行控制线路中，FU1起________作用，FU2起________作用，KH起________作用，SB1起________作用。

3. 生产机械的运动部件，需要在正、反两个方向运动时，一般采用________控制电路。

4. 要多台电动机的启动与停止，按照一定的________工作的方式，称为电动机顺序控制，一般有________和________两种形式。

5. 所谓制动是指________________，一般有________和________两种形式。

二、判断题

1. 接触器自锁控制电路本身具有失压与欠压保护功能。 ( )

2. 在控制电路中，因为有了热继电器，所以可以省略熔断器。 ( )

3. 控制电路的自锁触头，一般采用常闭触头。 ( )

4. 在正反转控制电路中，接触器的联锁触头主要是用来防止电源短路的。 ( )

5. 接触器联锁正反转电路，比双重联锁正反转操作方便。 ( )

6. 由于降压启动将导致电动机的力矩降低，所以一般只能在空载或轻载下运行。 ( )

7. 能耗制动电路中的二极管起稳压作用。 ( )

三、选择题

1. 星—三角降压启动是指电动机启动时，把（　　）连接成 Y 形，以降低启动电压，限制启动电流。

A. 定子绕组　　B. 电源　　C. 转子　　D. 定子和转子

2. 按钮联锁正反转控制线路的优点是操作方便，缺点是容易产生电源两相短路事故。在实际工作中，经常采用按钮、接触器双重联锁（　　）控制线路。

A. 点动　　B. 自锁　　C. 顺序启动　　D. 正反转

3. 电磁抱闸断电制动控制线路，当电磁抱闸线圈（　　）时，电动机迅速停转。

A. 失电　　B. 得电　　C. 电流很大　　D. 短路

4. 电磁抱闸制动一般用于（　　）的场合。

A. 迅速停车　　B. 迅速反转　　C. 限速下放重物　　D. 调节电动机速度

5. 动力控制线路由熔断器、热继电器、按钮、行程开关、（　　）等组成。

A. 接触器主触头　　B. 汇流排　　C. 接触器线圈　　D. 电动机

6. 机床的电气连接时，所有接线应（　　），不得松动。

A. 连接可靠　　B. 长度合适　　C. 整齐　　D. 除锈

7. 在正反转控制线路中，两个接触器要相互联锁，可将接触器的（　　）触头串接到另一接触器的线圈电路中。

A. 常开辅助　　B. 常闭辅助　　C. 常开主触头　　D. 常闭主触头

8. 正反转控制线路在实际工作中最常用最可靠的是（　　）。

A. 倒顺开关　　B. 接触器联锁

C. 按钮联锁　　D. 按钮、接触器双重联锁

9. 起重机电磁抱闸制动原理属于（　　）制动。

A. 电力　　B. 机械　　C. 能耗　　D. 反接

10. 三相鼠笼式异步电磁抱闸的制动原理属于（　　）制动。

A. 机械　　B. 电力　　C. 反接　　D. 能耗

11. 三相鼠笼式异步电动机采用星—三角启动时，启动转矩是直接启动转矩的（　　）倍。

A. 2　　B. 1/2　　C. 3　　D. 1/3

12. 三相鼠笼式异步电动机采用星—三角降压启动方法，只适合（　　）接法的电动机。

A. 三角形　　B. 星形

C. V 形　　D. 星形、三角形都可以

13. 三相异步电动机采用能耗制动，切断电源后，应将电动机（　　）。

A. 转子回路串电阻　　B. 定子绕组两相绕组反接

C. 转子绕组进行反接　　D. 定子绕组送入直流电

14. 三相异步电动机的正反转控制的关键是改变（　　）。

A. 电源电压　　B. 电源相序　　C. 电源电流　　D. 负载大小

15. 三相异步电动机反接制动，转速接近零时要立即断开电源，否则电动机会（　　）。

A. 飞车　　B. 反转　　C. 短路　　D. 烧坏

16. 三相异步电动机反接制动时，（　　）绕组中通入相序相反的三相交流电。

A. 补偿　B. 励磁　C. 定子　D. 转子

17. 三相异步电动机反接制动时，采用对称制电阻接法，可以在限制制动转矩的同时，也限制（　　）。

A. 制动电流　B. 启动电流　C. 制动电压　D. 启动电压

18. 三相异步电动机能耗制动时，机械能转换为电能并消耗在（　　）回路的电阻上。

A. 励磁　B. 控制　C. 定子　D. 转子

19. 异步电动机的常见电气制动方法有反接制动、回馈制动、（　　）。

A. 能耗制动　B. 抱闸制动　C. 液压制动　D. 自然停车

20. 异步电动机的减压启动适合于（　　）。

A. 绕线式电动机重载启动　B. 小型电动机轻载启动

C. 大中型电动机轻载启动　D. 大中型电动机重载启动

四、问答题

1. 什么是自锁？什么是联锁？

2. 在图1—78单向连续运行控制线路中，熔断器、热继电器、交流接触器是如何起到保护作用的？

3. 某生产机械，需要实现点动与连续控制，并具有短路、过载、失压与欠压保护，请设计控制电路。

4. 在双重联锁正反转控制线路中，两个接触器的主触头如何连接才能实现正反转，怎样防止两个接触器同时闭合？

5. 设计三台电动机的顺序启动、逆序停止的控制线路。

6. 当电动机脱离电源后，若不采取任何措施，能否立刻停转？如果不能，可采用哪些措施？

第七节　电工读图基础知识

学习目标

1. 掌握常用的电气符号。

2. 掌握电气制图的一般规则和表示方法。

在电工技术中，通常采用不同的电气符号来表示电路中的不同元件，利用元件符号组成电路图，从而描述出电路的工作原理。电路图是提供装接和使用信息的重要途径，常称电路图是一种工程语言。掌握电气制图是电工技术人员应具备的基本技能之一。

一、电气符号

1. 电气图的表达方式

电气图的表达方式主要有图样、简图、表图、表格和文字形式等。

(1) 图样

按一定比例描述零件或组件的形状、尺寸等的图示形式称为图样，例如，零件图、装配图、印制板图等。

(2) 简图

采用图形符号和带注释的框来表示系统、设备的多个部件、零件之间的关系的图示形式称为简图，如方框图、功能图等。

(3) 表图

描述两个或多个可变量、操作或状态之间关系等系统特性的图示形式称为表图，例如，与电路图等配合使用的波形图。

(4) 表格

表格采用行和列的表达形式，它可用来说明系统、成套装置或设备中各组成部分的相互关系或连接关系，如接线表、元件表等。

(5) 文字形式

文字形式是一种应用文字的表达形式，如说明书或说明中的文字等。

2. 电气图形符号和文字符号

电气图用来描述电气控制设备的结构、工作原理和技术要求。作为工程图，它需要用统一的工程语言形式来表达，也就是要根据国家电气制图标准，用标准的图形符号、文字符号及规定的画法绘制。

(1) 图形符号

图形符号是一种统称，通常指用图样或其他文件表示一个设备或概念的图形、标记或字符。图形符号由符号要素、限定符号、一般符号以及常用的非电气操作控制动作（如机械控制）等符号组成。

(2) 文字符号

电气图中的文字符号，是用于标明电气设备和元器件等的名称、功能、状态和特征，可标注在电器设备和元器件的图形符号上或其旁边。电工技术中的文字符号分为基本文字符号和辅助文字符号。

(3) 常用元器件的图形符号和文字符号（见表1—2）

表1—2　　常用元器件的图形符号和文字符号

序号	图形符号	文字符号	说明
1		QS	双极开关
2	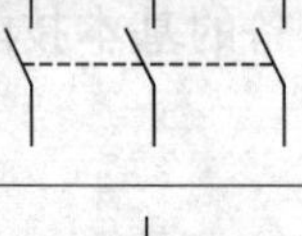	QS	三极开关
3		FU	熔断器

续表

序号	图形符号	文字符号	说明
4		KM	交流接触器线圈
5		KM	交流接触器主触头（常开）
6		KM	交流接触器主触头（常闭）
7		KM、KA、KT	接触器辅助触头（常开），继电器触头（常开）
8		KM、KA、KT	接触器辅助触头（常闭），继电器触头（常闭）
9		KH	热继电器的热元件
10		KH	热继电器的常闭触头
11		KT	通电延时时间继电器线圈
12		KT	断电延时时间继电器线圈
13		KT	时间继电器瞬时闭合延时断开常开触头

续表

序号	图形符号	文字符号	说明
14	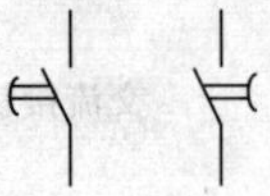	KT	时间继电器瞬时断开延时闭合常开触头
15	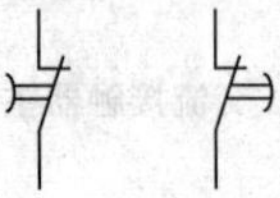	KT	时间继电器瞬时断开延时闭合常闭触头
16	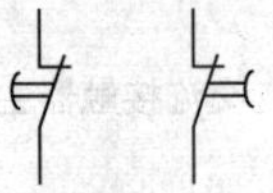	KT	时间继电器瞬时闭合延时断开常闭触头
17	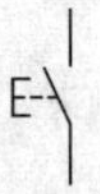	SB	常开按钮开关
18	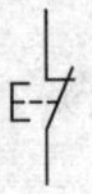	SB	常闭按钮开关
19	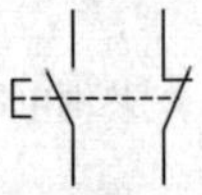	SB	复合按钮开关
20		QS	行程开关常开触头
21	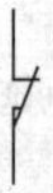	QS	行程开关常闭触头
22	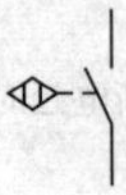	SQ	接近开关常开触头
23	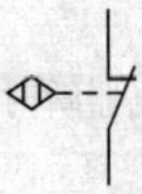	SQ	接近开关常闭触头

续表

序号	图形符号	文字符号	说明
24	I<	KA	欠电流继电器
25		KS	速度继电器常开触头
26		KS	速度继电器常闭触头
27		VD	二极管
28		VZ	稳压二极管
29		LED	发光二极管
30	+	C	电解电容器
31		C	无极性电容器
32		C	可变电容器
33		R	电阻器

续表

序号	图形符号	文字符号	说明
34		R	可变电阻器
35	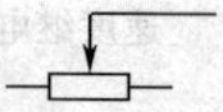	RP	电位器
36		L	空心电感
37		L	铁芯电感
38		VT	PNP 型三极管
39	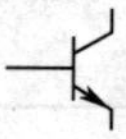	VT	NPN 型三极管
40		HL	指示灯
41		GB	电池

二、电气制图的一般规则和表示方法

电气图的表现形式和表示方法根据对象不同、用途不同也各不相同，但必须遵循一般绘制规则和基本表示方法。

1. 电气制图的一般规则

(1) 图幅

图纸幅面简称图幅，指由边框线所围成的图面。通常根据图的复杂程度和图线的密集程度选定图纸幅面。

电气制图的基本幅面有五种，分别为：A0、A1、A2、A3、A4。

(2) 标题栏、技术说明

标题栏在电气图的右下角，其中注有工程名称、图名、图号、设计人、制图人、审核人、批准人的签名和日期等。标题栏是电气图重要的组成部分，栏目中的签名者对图中的技术内容各负其责，标题栏如图 1—88 所示。

						材料标记			（单位名称）
标记	处数	分区	更改文件	签名	年月日				（图样名称）
设计	（签名）	（年月日）	标准化	（签名）	（年月日）	阶段标记	质量	比例	
审核									（图样代号）
工艺			批准			共　张　第　张			

图 1—88　标题栏样图

(3) 图线

电气图用图线的形式有实线、虚线、点画线、双点画线四种，图线的绘制要求与机械制图的绘制要求一致。其中实线分细实线和粗实线两种，一般来说，图线的粗细不影响连接线的作用，也不表示导线粗细，但为了突出或区分某些电路及电路的功能时，连接线可采用不同粗细的图线来表示，如电路中的主电路可以用粗实线绘制，细实线用来绘制图形的基本线、简图主要内容用线、可见轮廓线、可见导线等。虚线用来绘制辅助线、屏蔽线、机械连接线、不可见轮廓线、不可见导线、计划扩展内容用线。点画线用来绘制分界线、结构围框线、功能围框线、分组围框线。双点划线绘制辅助围框线。常用的图线如图 1—89 所示。

(4) 箭头

在电气图中，箭头符号有开口箭头和实心箭头两种形式，开口箭头表示能量和信号的传输方向。实心箭头表示可变性、力和运动方向等，箭头符号如图 1—90 所示。

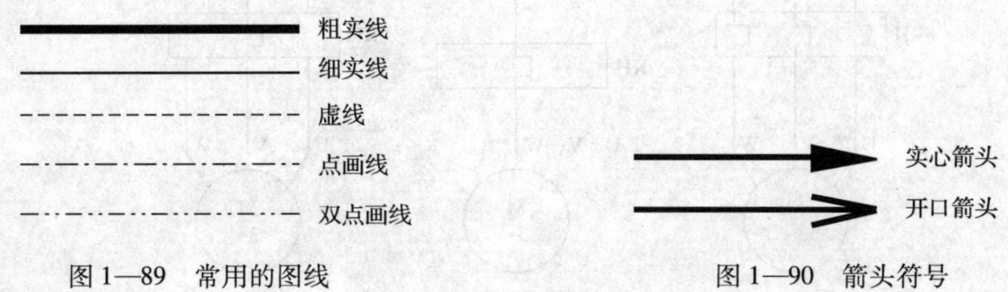

图 1—89　常用的图线　　图 1—90　箭头符号

(5) 电气简图的布局方法

1）连接线的布局。除按位置布局的简图外，连接线应是弯曲和交叉最少的直线。一条连接线不应在与另一条连接线交叉处改变方向，也不应穿过其他连接线的连接点。连接线一般按水平布置或垂直布置，有时为改善简图的清晰度，允许采用斜线连线的布局方式。连接线的布局方法如图 1—91 所示。

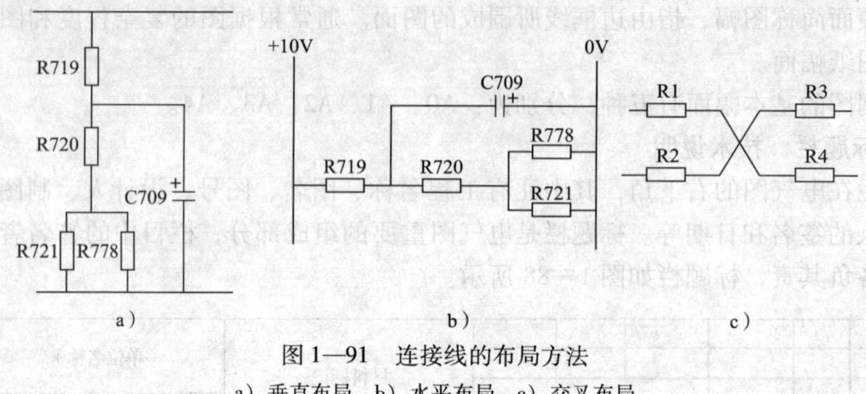

图 1—91　连接线的布局方法

a）垂直布局　b）水平布局　c）交叉布局

2）电路或元件的布局。在电气图中，电路或元件的布局方法有功能布局法和位置布局法两种。在电气图中，图形符号的布置只考虑便于看出它们所表示元件的功能关系，而不考虑其实际布局位置的布局方法称为功能布局法，功能布局法主要用于强调项目的功能关系和工作原理的简图，如框图、概略图、电路图、功能图等。

图形符号的布局位置对应于该元件实际布局位置的布局方法称为位置布局法，位置布局法主要用于强调项目实际位置的简图，如接线图、安装图、布置图等。

2. 电气图的基本表示方法

(1) 电路的表示方法

在电气图中，电路的基本表示方法主要有多线表示法、单线表示法和混合表示法三种，如图 1—92 所示。

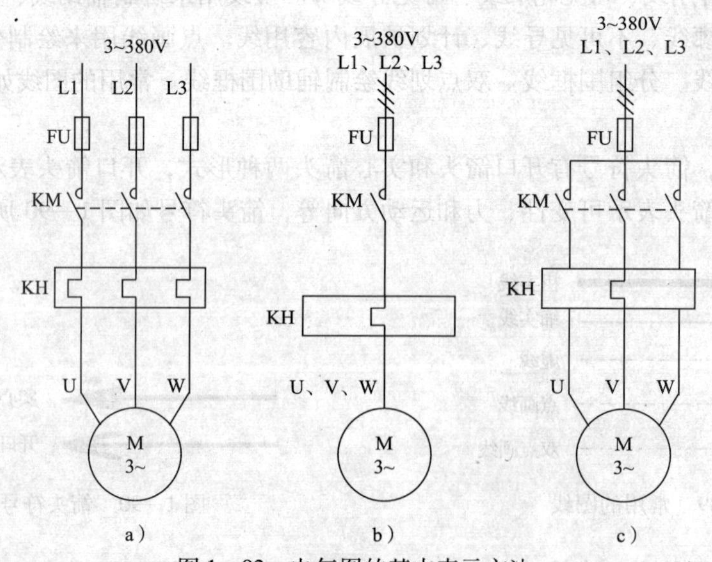

图 1—92　电气图的基本表示方法

a）多线表示法　b）单线表示法　c）混合表示法

(2) 组成部分可动元件的基本表示方法

在电气图中，电气元件和设备的可动部分（如触头等）应表示在不通电或不工作时的状态或位置。

(3) 技术数据和注释的基本表示方法

在电气图中，电气元件的技术数据（如型号、规格、参数等）一般标注在图形符号的旁边。当连接线水平布置时，应尽量标在图形符号的下方；当连接线垂直布置时，应尽量标在图形符号的左方；对方框符号或简化外形符号也可标注在符号内。当电气元件或设备的内容不便用图示形式表达时，可采用注释表示，注释一般标在说明对象的附近。

课后练习

一、填空题

1. 电气图的表达方式主要有________、________、________和文字形式等。

2. 电气图用图线的形式有________、________、________、________四种。

3. 在电气图中，电路的基本表示方法主要有________、________和________三种。

二、选择题

1. 电气图包括电路图、功能表图、系统图、框图和（　　）等。

A. 位置图　　B. 部件图　　C. 元器件图　　D. 装配图

2. 电气图包括电路图、功能表图和（　　）等构成。

A. 系统图和框图　　B. 部件图　　C. 元件图　　D. 装配图

3. 电气图包括系统图和框图、电路图、功能表图、逻辑图、位置图和（　　）构成。

A. 部件图　　B. 接线图与接线表

C. 元件图　　D. 装配图

4. 电气图形符号的形式有（　　）种。

A. 1　　B. 2　　C. 3　　D. 4

5. 电气制图中，可用字母、数字表示图号和张次。对于 =P1 系统多张图第 15 张图的正确表示为（　　）。

A. =1P/15/B4　　B. =P1/15/4B　　C. =P1/B4/15　　D. =P1/15/B4

6. 电气制图中，指引线末端在轮廓线内，用一（　　）表示。

A. 箭头　　B. 短线　　C. 圆圈　　D. 黑点

7. 读图的基本步骤有：看图样说明，（　　），看安装接线图。

A. 看主电路　　B. 看电路图　　C. 看辅助电路　　D. 看交流电路

8. 绘制电气原理图时，通常把主线路和辅助线路分开，主线路用（　　）画在辅助线路的左侧或上部，辅助线路用细实线画在主线路的右侧或下部。

A. 粗实线　　B. 细实线　　C. 点画线　　D. 虚线

9. 绘制电气原理图时，通常把主线路和辅助线路分开，主线路用粗实线画在辅助线路的左侧或（　　）。

A. 上部　　B. 下部　　C. 右侧　　D. 任意位置

第二章 电子技术基础知识

第一节　半导体二极管及基本应用

学习目标

1. 了解半导体二极管的结构和特性。
2. 熟悉半导体二极管的应用。

一、半导体二极管的结构和特性

1. 本征半导体

根据导电性能不同，物体有导体和绝缘体之分，导电能力介于导体与绝缘体之间的物体称为半导体，常用的半导体材料有硅、锗、硒等。高度提纯后的半导体材料称为本征半导体。

本征半导体的导电特性：晶体的原子结构排列的非常整齐，每个原子外层的四个价电子与相邻四周的原子外层价电子形成稳定的共价键结构，绝对零度时，价电子无法挣脱本身原子核束缚，此时本征半导体呈现绝缘体特性。当温度升高或受到光的照射时，本征半导体非常容易激发产生电子—空穴对，电子—空穴浓度随温度的上升或光照强度的增加而增大，导电能力也随之上升。在半导体中电子和空穴都是载流子，空穴导电是半导体区别于其他导体导电的主要特征。

2. 杂质半导体

为了提高半导体的导电能力，在半导体材料中掺入某些微量的有用元素作为杂质，称为杂质半导体。

(1) N 型半导体

在本征半导体中掺入磷、砷等五价元素，就形成 N 型半导体，掺杂后半导体中电子为多子，空穴为少子，也称为电子型半导体。

(2) P 型半导体

在本征半导体中掺入微量硼、镓等三价元素，就称为 P 型半导体，掺杂后半导体中的空穴为多子，电子为少子，也称为空穴型半导体。

3. 半导体中载流子的运动

在半导体中，电子载流子与空穴载流子产生的运动方向相反而空穴载流子运动方向与外电场形成的电流方向一致，如图 2—1 所示。

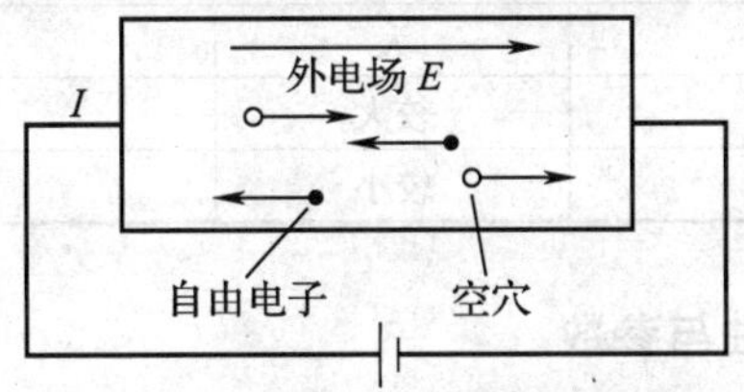

图 2—1　半导体中的导电粒子

半导体中载流子有两种运动方式，一种是扩散运动：载流子由浓度高的地方向浓度低的地方运动，称为扩散运动。另一种是漂移运动：载流子在电场作用下有规律地运动，称为漂移运动。

4. PN 结

在 N 型半导体的基片上，采用平面扩散法等工艺，掺入三价元素，使之形成 P 型区，则在 P 区和 N 区之间的交界面处将形成一个很薄的空间电荷层，称为 PN 结，PN 结具有单向导电性。

(1) PN 结正偏

当 P 区接电源正极、N 区接电源负极时，称为 PN 结正偏。此时，外加电压的电场方向与 PN 结内建电场方向相反，而使 PN 结厚度变薄，PN 结导电能力大大增强。

(2) PN 结反偏

当 P 区接电源负极、N 区接电源正极时，称为 PN 结反偏。此时，外加电场与内电场方向一致，PN 结厚度变厚，PN 结导电能力下降，电流几乎为零。

正偏时 PN 结正向导电，有较大电流流过；反偏时 PN 结截止，流过 PN 结的反向电流很小，这种现象称为 PN 结的单向导电性。

5. 半导体二极管分类

将 PN 结用外壳封装起来，分别在 P、N 半导上引出两个电极，就是晶体二极管器件。晶体二极管根据 PN 结结构的不同，可分为点接触型、面接触型和平面型，如图 2—2a 所示，符号如图 2—2b 所示。半导体二极管的特点和应用场合见表 2—1。

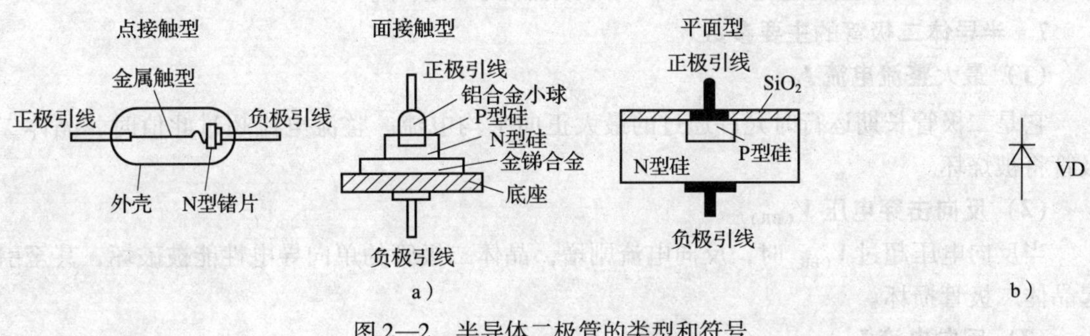

图 2—2　半导体二极管的类型和符号

a）二极管类型　b）二极管符号

表 2—1　　半导体二极管的特点和应用场合

	结面积	结电容	应用
点接触	小	小	较高频率，检波、混频
面接触型	较大	大	工频或低频，大电流整流
平面型	较大	较大	大功率整流
	较小	较小	脉冲数字电路

6. 晶体二极管的伏安特性与参数

(1) 伏安特性

把晶体二极管两端的电压和流过的电流之间的关系称为晶体二极管的伏安特性，如图2—3 所示。在正向特性的 OA 区称为死区；开始导通时的正向电压称为开启电压，用 V_{th} 表示；晶体二极管导通时的电压称为导通电压，用 V_{on} 表示，硅晶体二极管的开启电压约为 0.5 V，导通电压为 0.6 ~ 0.8 V，锗二极管的开启电压约为 0.1 V，导通电压为 0.2 ~ 0.3 V。

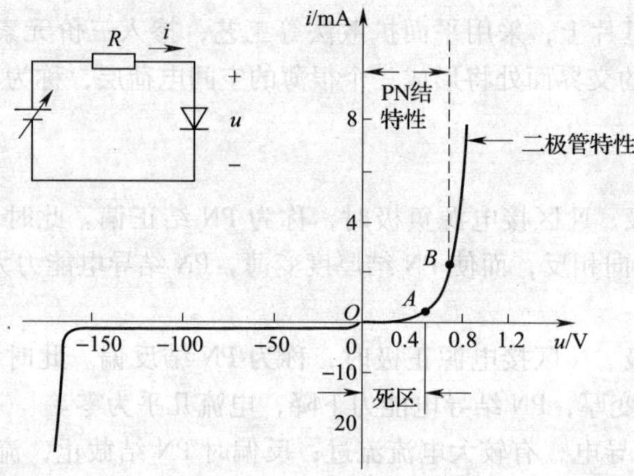

图 2—3　二极管伏安特性

(2) 击穿特性

晶体二极管外加的反向电压超过某一电压时，反向电流急剧增大，这种现象称为反向击穿。晶体二极管反向击穿时只要电流不足以使 PN 结发生热损坏，是可以恢复的，当晶体二极管的 PN 结的温度超过限制时，将导致器件永久损坏。

7. 半导体二极管的主要参数

(1) 最大整流电流 I_F

它是二极管长期运行时允许通过的最大正向平均电流。整流电流超过此值时，晶体二极管将被烧坏。

(2) 反向击穿电压 $V_{(BR)}$

当反向电压超过 $V_{(BR)}$ 时，反向电流剧增，晶体二极管的单向导电性能被破坏，甚至引起晶体二极管损坏。

(3) 反向电流 I_R

指二极管未击穿时的反向电流值。反向电流越小，晶体二极管单向导电性越好。

二、半导体二极管的应用

晶体二极管的应用广泛，根据用途分成整流二极管、检波二极管、稳压二极管、发光二极管等。

1. 整流二极管

整流二极管是利用 PN 结的单向导电特性，把交流电变成脉动直流电。整流二极管的选用主要应考虑其最大整流电流、最大反向工作电流等主要参数。最大平均整流电流 I_F 是指二极管长期工作时允许通过的最大正向平均电流，使用时应注意通过二极管的平均电流不能大于此值，并要满足散热条件。整流二极管的外形与符号如图 2—4 所示。

图 2—4　整流二极管的外形与符号

2. 检波二极管

检波（也称解调）二极管的作用是利用其单向导电性，将高频或中频无线电信号中的低频信号或音频信号提取出来。检波二极管广泛应用于半导体收音机、收录机、电视机及通信等设备的小信号电路中，其工作频率较高，处理信号幅度较弱。选用检波二极管时应根据电路的具体要求来选择工作频率高、反向电流小、正向电流足够大的检波二极管，常用的国产检波二极管有 2AP 系列锗玻璃封装二极管。常用的进口检波二极管有 1N34A、1N60 等。检波二极管的外形与符号如图2—5 所示。

3. 稳压二极管

稳压二极管的工作特点：它工作在反向击穿状态下，流过稳压二极管的电流在相当大的范围内变化时，其两端的电压基本不变，主要应用于浪涌保护电路、电视机的过压保护电路、电弧抑制电路、串联型稳压电路。稳压二极管使用时，可将多只稳压二极管串联使用，但由于二极管参数的离散性比较大，不得并联使用。稳压二极管的外形与符号如图 2—6 所示。

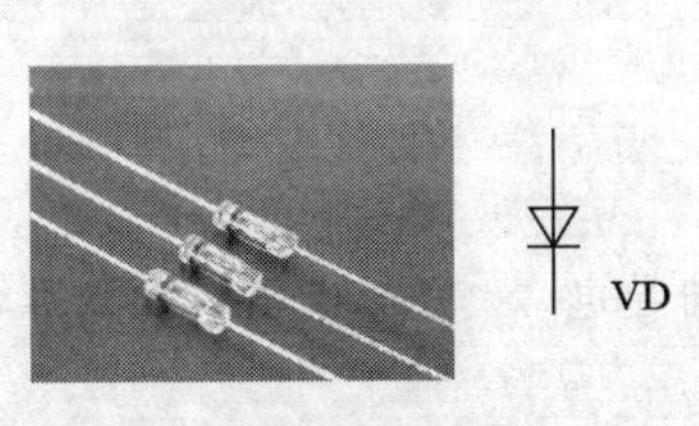

图 2—5　检波二极管的外形和符号

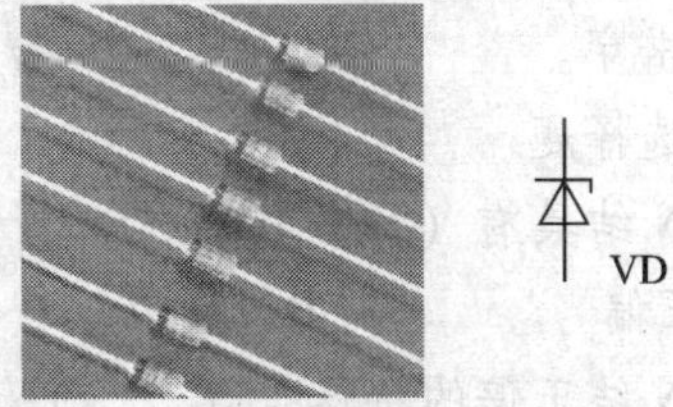

图 2—6　稳压二极管的外形与符号

4. 发光二极管

发光二极管简称 LED，是一种把电能转换成光能的半导体器件，采用砷化镓、氮化镓和磷化镓等材料制成，其内部结构为一个 PN 结，具有单向导电性正向导通时能发光。它可分为普通单色发光二极管、高亮度发光二极管、超高亮度发光二极管、变色发光二极管、闪烁发光二极管、电压控制型发光二极管、红外发光二极管和负阻发光二极管等。应用于照明、指示灯等。发光二极管的压降一般为 1.4 ~3.0 V，发光二极管的外形与符号如图 2—7 所示。

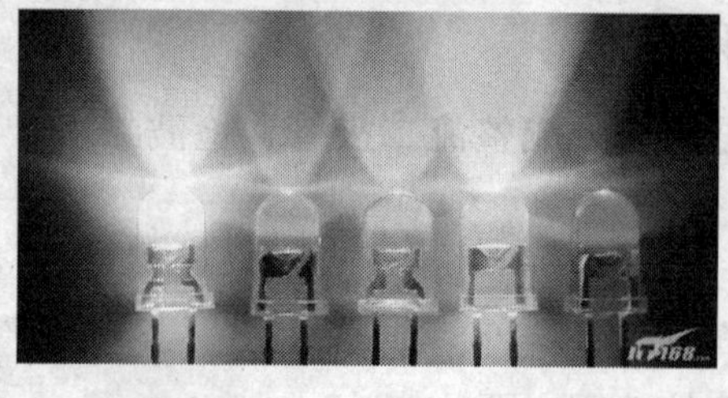

图 2—7　发光二极管的外形与符号

5. 光敏二极管

光敏二极管也叫光电二极管是将光信号变成电信号的半导体器件。光敏二极管与半导体二极管在结构上是类似的，其管芯是一个具有光敏特征的 PN 结，工作时需加上反向电压无光照时，反向电流很小；有光照时在反向电压作用下形成反向光电流，其强度与光照强度成正比。光敏二极管的常用型号有 2CU、2DU 等系列。光电二极管的外形与符号如图 2—8 所示。

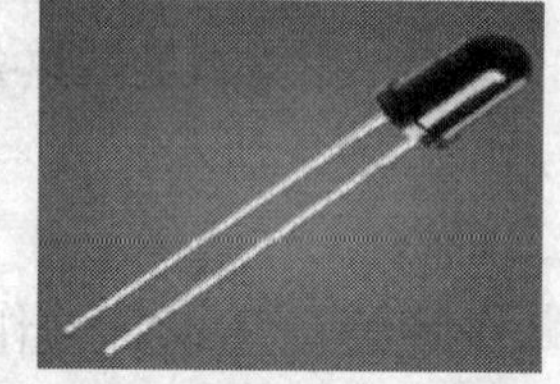
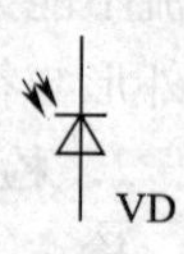

图 2—8　光电二极管的外形与符号

课后练习

一、填空题

1. 导电能力介于导体与绝缘体之间的物体称为________，通过提纯的半导体称为________。

2. 常用的半导体材料有________、________和________。

3. 二极管的主要参数有________和________。

4. 晶体二极管因为所加________电压过大而________，并出现________的现象，称为击穿。

二、选择题

1. PN 结具有（　　）特性。

A. 正偏　　B. 反偏　　C. 单向导电　　D. 双向导电

2. PN 结正偏的特性是（　　）。

A. 正偏电阻小、正偏电流大　　B. 正偏电阻大、正偏电流大

C. 正偏电阻小、正偏电流小　　D. 正偏电阻大、正偏电流小

3. 半导体整流电路中使用的整流二极管应选用（　　）。

A. 变容二极管　　B. 稳压二极管

C. 点接触型二极管　　D. 面接触型二极管

4. 二极管加反偏电压的特性是（　　）。

A. 反向电阻小、反向电流小　　B. 反向电阻小、反向电流大

C. 反向电阻大、反向电流小　　D. 反向电阻大、反向电流大

5. 二极管两端加上正向电压时（　　）。

A. 一定导通　　B. 超过死区电压才导通

C. 超过0.3 V才导通　　D. 超过0.7 V才导通

6. 二极管是由（　　）、电极引线以及外壳封装构成的。

A. 一个PN结　　B. P型半导体

C. N型半导体　　D. 本征半导体

7. 检波二极管属于（　　）二极管。

A. 开关型　　B. 整流型　　C. 微波型　　D. 变容型

8. 晶体二极管含有PN结的个数为（　　）。

A. 一个　　B. 两个　　C. 三个　　D. 四个

9. 晶体二极管正偏导通时（　　）。

A. 外电场与PN结内电场方向相反，扩散运动加强

B. 外电场与PN结内电场方向相同，漂移运动加强

C. 外电场与PN结内电场方向相同，扩散运动减弱

D. 外电场与PN结内电场方向相反，漂移运动减弱

三、判断题

1. 晶体二极管的主要参数有最大整流电流和最高反向工作电压。（　　）

2. 晶体管二极管的导通电压，对于硅管约为0.7 V，锗管约为0.3 V。（　　）

3. 在半导体内部，只有电子是载流子。（　　）

4. 用于检波的二极管为点接触型二极管。（　　）

5. 稳压二极管工作于反向击穿状态。（　　）

四、问答题

1. 什么是PN结？

2. 简述PN结为什么有单向导电性。

第二节　半导体三极管及基本应用

学习目标

1. 了解半导体三极管的结构和特性。
2. 熟悉半导体三极管的应用。

一、半导体三极管的结构和特性

1. 半导体三极管的结构与符号

半导体三极管简称晶体管，也是一种用半导体制成的半导体器件。它由三块半导体结合而成，晶体管有两种结构，如果在两块N型半导体之间夹上一块很薄的P型半导体，并且紧

密地结合在一起，就可形成一个 NPN 型晶体管；同样的，如果在两块 P 型半导体之间夹上一块薄的 N 型半导体，就可形成一个 PNP 型晶体管。它们的结构与符号如图 2—9 所示。

由图 2—9 可知，无论是 NPN 还是 PNP 型三极管都有三个极，分别是发射极、集电极、基极；有三个区，分别是基区、发射区、集电区；还有两个 PN 结，分别是集电结和发射结。

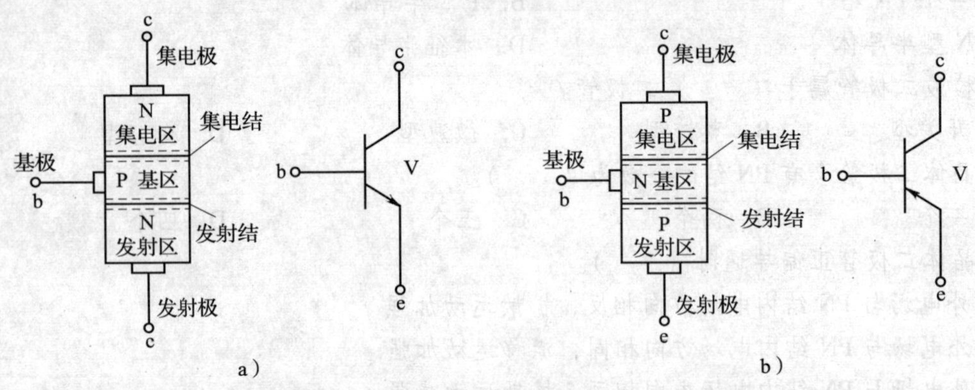

图 2—9　半导体三极管的结构与符号

a）NPN 型三极管的结构与符号　b）PNP 型三极管的结构与符号

2. 半导体三极管的伏安特性曲线

（1）输入特性曲线

表示输出电压 V_{CE} 为定值时基极电流 i_B 与发射结电压 V_{BE} 之间的关系的曲线称为输入特性曲线，如图 2—10 所示。

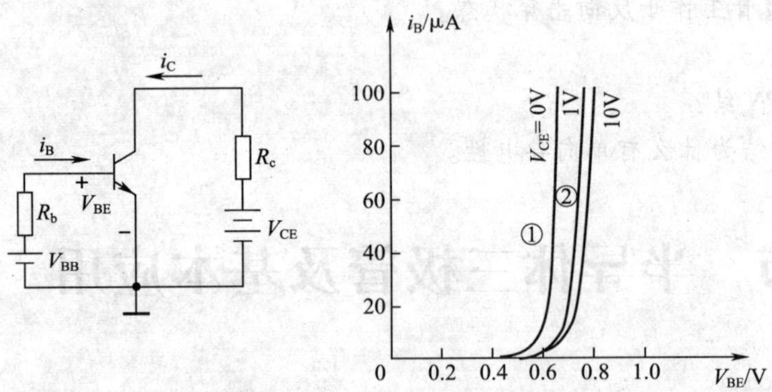

图 2—10　三极管输入特性曲线

与二极管的正向特性相似，但当 C—E 间的电压增加时，特性曲线右移，当 $V_{CE}>1$ 后，输入伏安特性曲线基本不变。和二极管正向伏安特性类似，三极管也有一个不导通区域，称为三极管的死区，基极电压必须大于死区电压，三极管才能工作于放大区域，硅三极管的死区电压约为 0.5 V，锗三极管的死区电压约为 0.1 V。

（2）共射极输出特性

表示基极电流 I_B 为某一定值时，集电极电流 i_C 与集—射间电压 V_{CE} 之间的关系的曲线称为输出特性曲线，如图 2—11 所示。

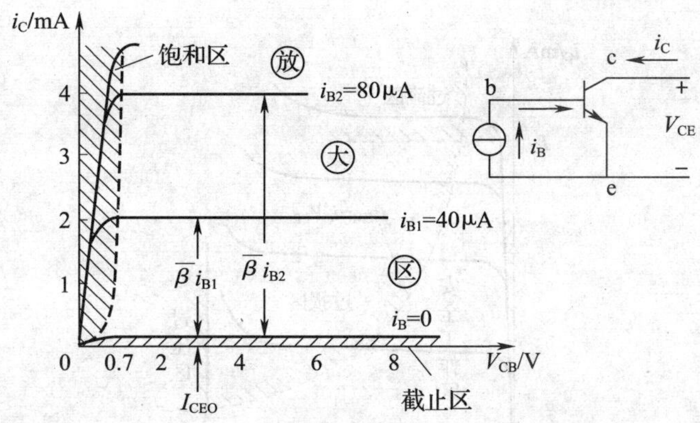

图 2—11　半导体三极管输出特性曲线

从图中可以看出，三极管的输出特性曲线共分三个区域，即饱和区、放大区和截止区。

3. 半导体三极管的三种工作状态

（1）发射结正偏，集电结反偏：放大工作状态，用在模拟电子电路。

（2）发射结反偏，集电结反偏：截止工作状态，用在开关电路中。

（3）发射结正偏，集电结正偏：饱和工作状态，用在开关电路中。

4. 半导体三极管的主要参数

（1）半导体三极管的放大倍数

1）交流电流放大系数 β。这是指共发射极接法，集电极输出电流的变化量 ΔI_c 与基极输入电流的变化量 ΔI_b 之比，即：

$$\beta = \Delta I_c / \Delta I_b$$

2）共基极交流放大系数 α。这是指共基接法时，集电极输出电流的变化是 ΔI_c 与发射极电流的变化量 ΔI_e 之比，即：

$$\alpha = \Delta I_c / \Delta I_e$$

（2）半导体三极管的极限参数

1）集电极最大允许电流 I_{CM}。当集电极电流 I_c 增加到某一数值，引起 β 值下降到正常值的 2/3，这时的 I_c 值称为 I_{CM}。

2）集电极——发射极击穿电压 $V_{(BR)CEO}$。它是指当基极开路时，加在集电极和发射极之间的最大允许电压，使用时如果 $V_{ce} > V_{(BR)CEO}$，管子就会被击穿。

3）集电极最大允许耗散功率 P_{CM}。集电极流过 I_c，温度要升高，管子因受热而引起参数的变化不超过允许值时的最大集电极耗散功率称为 P_{CM}。

三极管在使用时集电极电流要小于 I_{CM}，集电极与发射极之间的电压要小于 $V_{(BR)CEO}$，集电极耗散功率要小于 P_{CM}，如图 2—12 所示。

二、半导体三极管的应用

半导体三极管的用途主要是交流信号放大、直流信号放大和在数字电路中作为开关使用。

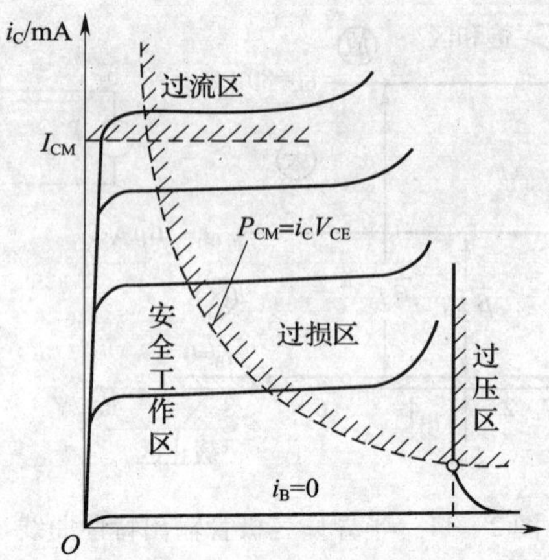

图 2—12　三极管安全工作区域

使用晶体管作放大用途时，必须在它的各电极上加上适当极性的电压，称为“偏置电压”简称“偏压”，又称为“偏置”。在电路组成上叫做偏置电路。

三极管各电极加上适当的偏置电压之后，各电极上便有电流流动。通过发射极的电流称为“射极电流”，用 I_E 表示；通过基极的电流称为“基极电流”，用 I_B 表示；通过集电极的电流称为“集极电流”，用 I_C 表示。

三极管三个电极的电流有如下关系：

$$I_E = I_B + I_C$$

三、半导体三极管的三种放大电路

当晶体管被用作放大器使用时，其中两个电极用作信号（待放大信号）的输入端子；两个电极作为信号（放大后的信号）的输出端子。那么，晶体管三个电极中，必须有一个电极既是信号的输入端子，又同时是信号的输出端子，这个电极称为输入信号和输出信号的公共电极。按晶体管公共电极的不同选择，晶体管放大电路有三种：共基极电路、共集电极电路和共射极电路。

1．共基极放大电路（见图 2—13）

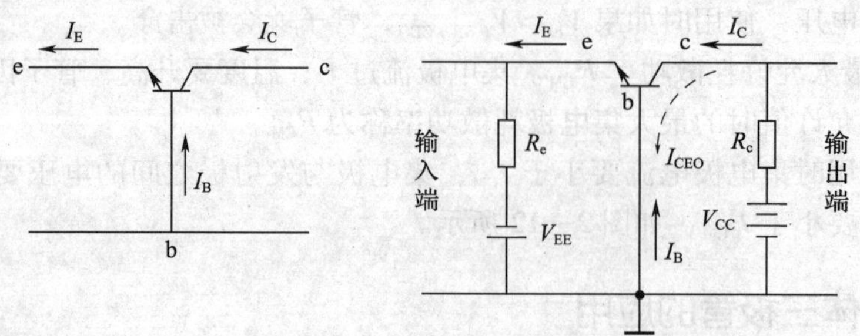

图 2—13　共基极放大电路

2. 共集电极放大电路（见图 2—14）

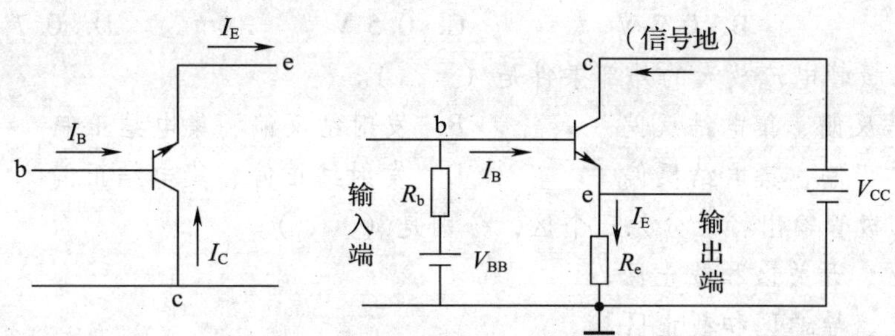

图 2—14　共集电极放大电路

3. 共射极放大电路（见图 2—15）

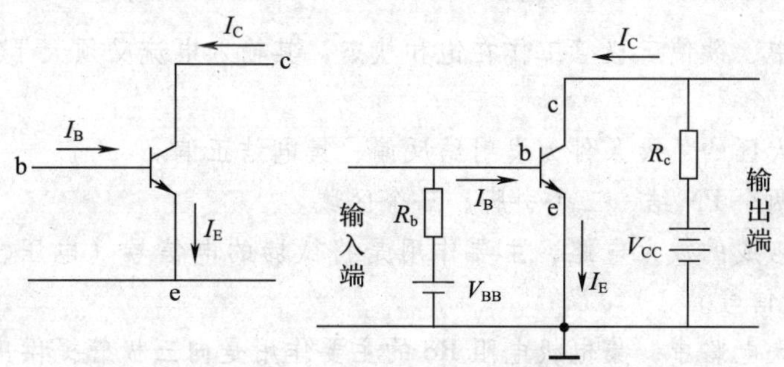

图 2—15　共射极放大电路

由于共射极放大电路的电流增益和电压增益均较其他两种放大电路大，故多用作信号放大使用。

课后练习

一、填空题

1．晶体三极管的三个引脚为＿＿＿＿＿、＿＿＿＿＿和＿＿＿＿＿。

2．晶体三极管的两个 PN 结为＿＿＿＿＿和＿＿＿＿＿。

3．在放大电路中，晶体三极管有＿＿＿＿＿、＿＿＿＿＿和＿＿＿＿＿三种接法。

二、选择题

1．放大电路采用负反馈后，下列说法不正确的是（　　）。

A．放大能力提高了　　B．放大能力降低了

C．通频带展宽了　　D．非线性失真减小了

2．放大电路设置静态工作点的目的是（　　）。

A．提高放大能力

B．避免非线性失真

C．获得合适的输入电阻和输出电阻

D．使放大器工作稳定

3. 晶体管工作在放大状态时，发射结正偏，对于硅管约为0.7 V，锗管约为（　）。

A. 0.2 V　　B. 0.3 V　　C. 0.5 V　　D. 0.7 V

4. 晶体三极管电流放大的外部条件是（　　）。

A. 发射结反偏、集电结反偏　　B. 发射结反偏、集电结正偏

C. 发射结正偏、集电结反偏　　D. 发射结正偏、集电结正偏

5. 晶体三极管输出特性分为三个区，分别是（　　）。

A. 饱和区、开关区和截止区

B. 开关区、导通区和截止区

C. 放大区、饱和区和截止区

D. 开关区、放大区和导通区

三、判断题

1. 开关电路中，欲使三极管工作在饱和状态，其输入电流必须大于或等于三极管临界饱和电流。（　　）

2. 三极管放大区的放大条件为发射结反偏、集电结正偏。（　　）

3. 三极管有两个 PN 结、三个引脚、三个区域。（　　）

4. 由三极管组成的放大电路，主要作用是将微弱的电信号（电压、电流）放大成为所需要的较强的电信号。（　　）

5. 晶体管放大电路中，集电极电阻 Rc 的主要作用是向三极管提供集电极电流。（　　）

6. 处于放大状态下三极管的发射极电流是基极电流的（$1+\beta$）倍。（　　）

7. 三极管放大的实质是将低电压放大成高电压。（　　）

四、计算题

当晶体三极管的基极电流为 10 μA，集电极电流为 1 mA，当基极电流为 40 μA，集电极电流为 3.6 mA，求三极管的放大倍数 β。

第三节　整流稳压电路

学习目标

1. 熟悉整流电路原理。
2. 熟悉滤波电路。
3. 掌握稳压电路。

整流稳压电路是把交流电能转换为直流电能的电路。大多数整流稳压电路由变压器、整流电路、滤波器和稳压电路等组成。它在直流电动机的调速、发电机的励磁调节、电解、电镀等领域得到广泛应用。

一、整流电路

1. 半波整流电路

半波整流电路（见图2—16）是一种最简单的整流电路。它由电源变压器T、整流二极管VD和负载电阻R组成。变压器把市电电压（220 V）变换为所需要的交变电压 U_2，VD再把交流电变换为脉动直流电输出。半波整流电路的输入波形和输出波形如图2—17所示，输出电压和输入电压的关系：

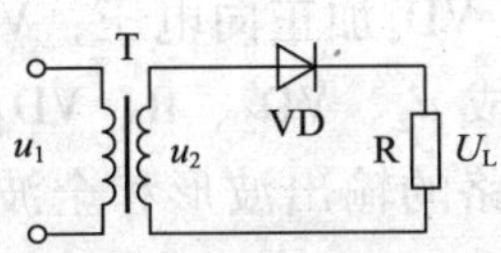

图2—16 半波整流电路

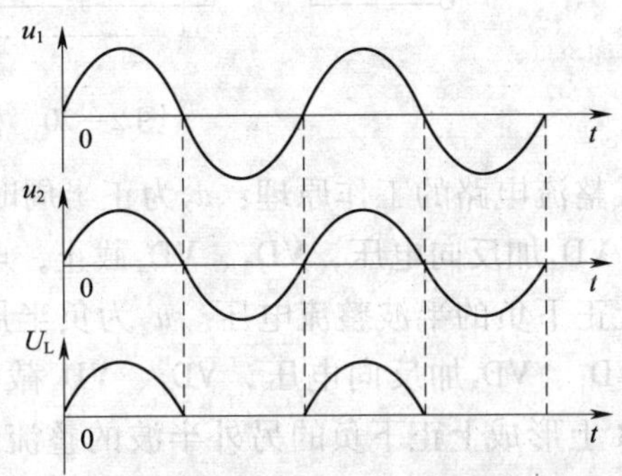

图2—17 半波整流电路输出波形

$$U_L = 0.45U_2$$

2. 全波整流电路

全波整流电路（见图2—18）可以看作是由两个半波整流电路组合成的。变压器次级线圈中间需要引出一个抽头，把次组线圈分成两个对称的绕组，从而引出大小相等但极性相反的两个电压 u_{2a}、u_{2b}，构成 U_2，与 VD_1、VD_2组成两个通电回路。全波电路的输出波形如图2—19所示。输出电压和输入的关系：

$$U_L = 0.9U_2$$

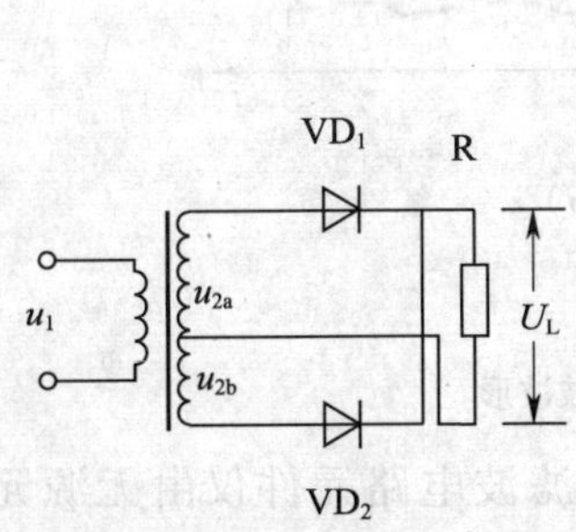

图2—18 全波整流电路

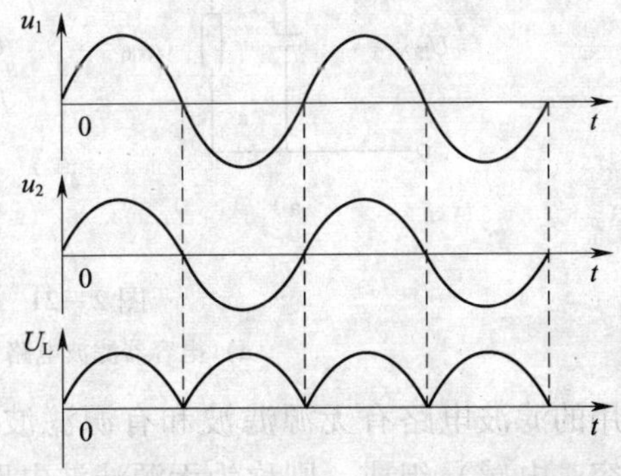

图2—19 全波电路的输出波形

3. 桥式整流电路

桥式整流电路是使用最多的一种整流电路。这种电路只要四只二极管连接成“桥”式结构，便具有全波整流电路的特点，而变压器不需要两组电源。桥式整流电路的原理如图2—20所示。

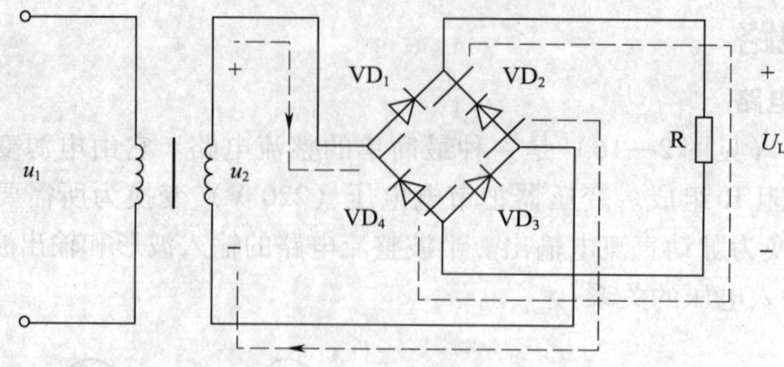

图 2—20　桥式整流电路

桥式整流电路的工作原理：u_2为正半周时，对 VD$_1$、VD$_3$加正向电压，VD$_1$、VD$_3$导通，对 VD$_2$、VD$_4$加反向电压，VD$_2$、VD$_4$截止，电路中构成 u_2、VD$_1$、R、VD$_3$通电回路，在 R 上形成上正下负的半波整流电压。u_2为负半周时，对 VD$_2$、VD$_4$加正向电压，VD$_2$、VD$_4$导通；对 VD$_1$、VD$_3$加反向电压，VD$_1$、VD$_3$截止，电路中构成 u_2、VD$_2$、R、VD$_4$通电回路，同样在 R 上形成上正下负的另外半波的整流电压。桥式电路的输出波形和全波电路相同。输出电压和输入的关系和全波整流电路相同。

二、滤波电路

交流电通过整流电路后输出脉动直流，而此直流波动太大，滤波电路就是将脉动直流变换成平滑直流的电路。如图 2—21b 所示为脉动直流经过电容滤波前后的波形图，注意图中输入电压波形为不接电容器时的波形。

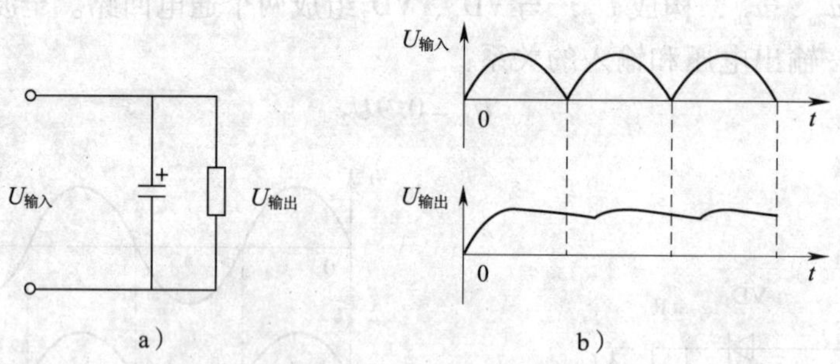

图 2—21　电容器滤波
a）电容器滤波电路　b）电容器滤波波形

常用的滤波电路有无源滤波和有源滤波两大类。若滤波电路元件仅由无源元件（电阻、电容、电感）组成，则称为无源滤波电路。无源滤波的主要形式有电容滤波、电感滤波和复式滤波（包括 LC 滤波、LCπ 型滤波和 RCπ 型滤波等）。若滤波电路不仅有无源元件，还有有源元件（双极型管、单极型管、集成运放）组成，则称为有源滤波电路。有源滤波的主要形式是有源 RC 滤波，也被称为电子滤波器。

常用的无源滤波器如图 2—22 所示

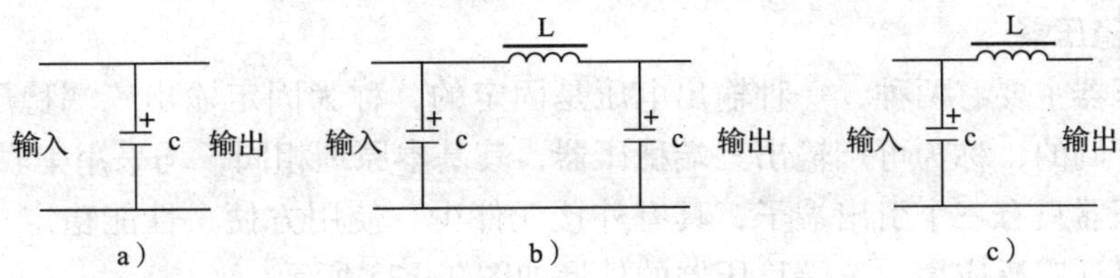

图 2—22　常用滤波电路
a）电容器滤波　b）π 型滤波　c）L 型滤波

三、稳压电路

在输入电压、负载、环境温度、电路参数等发生变化时仍能保持输出电压恒定的电路称为稳压电路。

1. 简单稳压电路

如图 2—23 所示为简单稳压电路，由限流电阻 R 和稳压二极管 VZ 组成。输出端电压 $U_o = U_z$。

当输入电压或输出电压 U_o 在一定范围内升高或降低时，具有稳压特性的 VZ 上的电压保持不变而使 U_o 也随之稳定，R 及 VZ 起稳压作用。

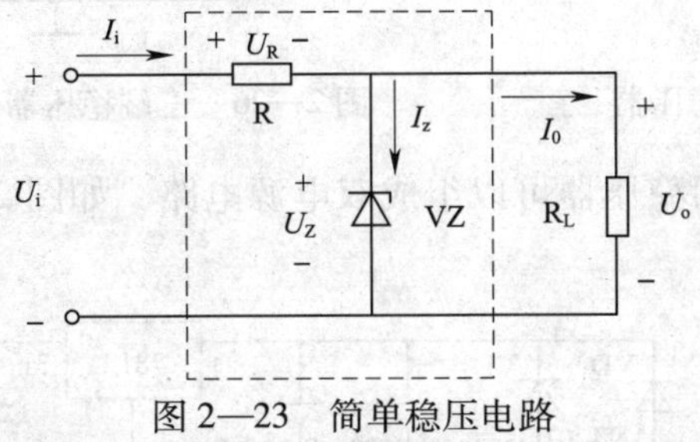

图 2—23　简单稳压电路

2. 晶体管串联型稳压电路

由于简单稳压电路的负载能力不强，为了提高负载能力，利用三极管将电流进行放大，以使输出能力提高。如图 2—24 所示为晶体管串联型稳压电路，图中 VT_1 为调整管，VT_2 为比较放大管，VZ 为稳压管（提供基准电压），R_3、R_4 组成取样电路。

当输出电压 $U_o\uparrow \rightarrow U_{B2}\uparrow \rightarrow U_{BE2}\uparrow \rightarrow U_{C2}\downarrow \rightarrow U_{B1}\downarrow \rightarrow U_{E1}\downarrow$（即 $U_0\downarrow$）。

当输出电压 $U_o\downarrow \rightarrow U_{B2}\downarrow \rightarrow U_{BE2}\downarrow \rightarrow U_{C2}\uparrow \rightarrow U_{B1}\uparrow \rightarrow U_{E1}\uparrow$（即 $U_o\uparrow$）。

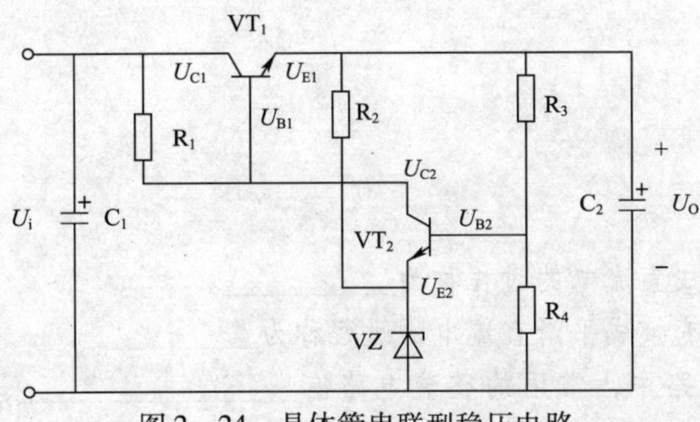

图 2—24　晶体管串联型稳压电路

3. 三端稳压器

三端稳压器主要有两种，一种输出电压是固定的，称为固定输出三端稳压器；另一种输出电压是可调的，称为可调输出三端稳压器，其基本原理相同，均采用串联型稳压电路。由于三端稳压器只有三个引出端子，具有外接元件少、使用方便、性能稳定、价格低廉等优点，因而得到广泛应用。三端稳压器的外形如图2—25所示。

三端稳压器的通用产品有78系列（正电源）和79系列（负电源）两种，输出电压由具体型号中的后面两个数字代表，有5 V、6 V、8 V、9 V、12 V、15 V、18 V、24 V等档次。输出电流以78（或79）后面加字母来区分。L表示0.1 A，AM表示0.5 A，无字母表示1.5 A，如78L05，表示5 V0.1 A。78系列和79系列三端稳压器的引脚功能不同，在使用中要特别注意，三端稳压器的典型应用电路如图2—26所示。

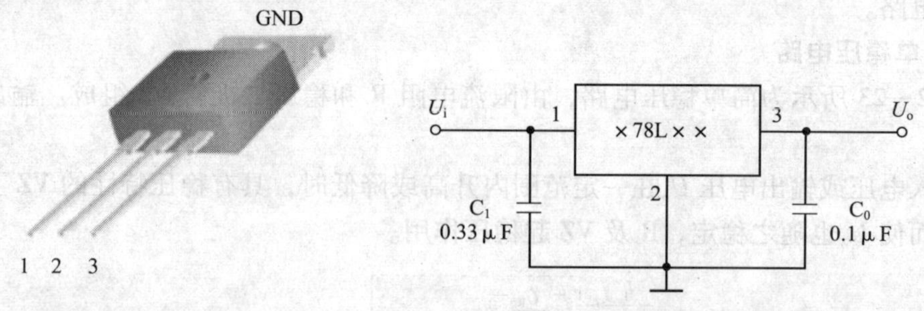

图2—25　三端稳压器　　图2—26　三端稳压器典型应用电路图

利用79系列和78系列稳压器可以组成双电源电路，如图2—27所示为输出±12 V电源的稳压电路。

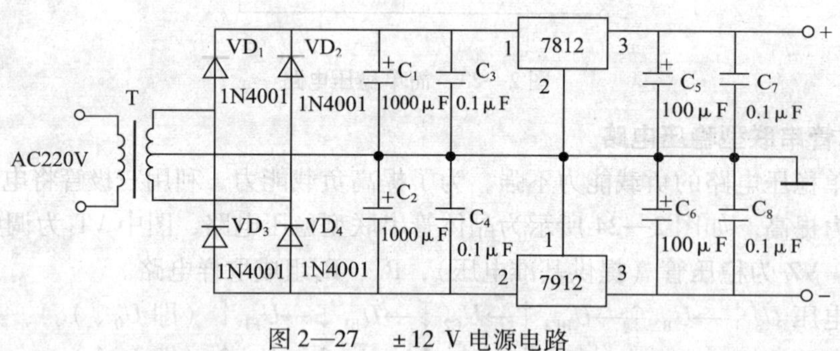

图2—27　±12 V电源电路

课后练习

一、填空题

1. 把交流电变换成直流电的过程称为__________。

2. 将脉动直流电变换成平滑直流电的过程称为__________。

3. 在单相整流电路中，常用的整流电路有________________、________________和________________。

4. 稳压二极管工作于__________区域。

二、选择题

1. 串联型稳压电路具有电压可调、电流较大的特点，常做成（　　）电路应用。

A. 三端集成稳压　　B. 四端集成稳压

C. 三端集成固定　　D. 三端集成可调

2. 串联型稳压电路中的调整管必须工作在（　　）。

A. 放大区　　B. 截止区　　C. 饱和区　　D. 击穿区

3. 单相整流电路负载上得到的电压是（　　）。

A. 恒定直流电　　B. 交流电

C. 脉动直流电　　D. 恒定交流电

4. 单相整流电路可分为（　　）。

A. 单相半波电路　　B. 单相全波电路

C. 单相桥式电路　　D. 以上都是

5. 单向半波可控整流电路变压器次级电压为 20 V，则整流二极管实际承受的最高反向电压为（　　）。

A. 20 V　　B. 20 V　　C. 18 V　　D. 9 V

6. 单向半波整流电路，若变压器次级电压为 U_2，则输出平均电压的最大值为(　　)。

A. U_2　　B. $2U_2$　　C. $0.9U_2$　　D. $0.45U_2$

7. 单向半波整流电路，若负载平均电流为 10 mA，则实际通过整流二极管的平均电流为（　　）。

A. 5 A　　B. 0　　C. 10 mA　　D. 20 mA

8. 硅稳压二极管与一般二极管不同的是，稳压管工作在（　　）。

A. 死区　　B. 反向击穿区　　C. 导通区　　D. 反向导通区

三、分析与计算题

1. 已知在半波整流电路中，变压器二次侧输出电压为 $10\sqrt{2}\sin 314t$V，负载电阻为 50 Ω，求：(1) 画出电路图。(2) 输出电压为多少？(3) 流过负载的电流和二极管的电流分别为多少？

2. 在桥式整流电路中，如果有一只二极管装反、开路、短路会出现怎样的现象？

3. 简述图 2—24 所示晶体管串联型稳压电路的稳压原理。

第三章 常用电工仪器仪表使用知识

第一节 电工测量基础知识

学习目标

1. 了解电工指示仪表的误差和准确度。
2. 熟悉常用电工测量方法、测量误差及消除方法。

一、电工指示仪表的误差和准确度

在电工测量中，无论使用哪种电流表、电压表、功率表等仪表，它的测量结果与被测量的实际值之间总会存在一定的差值，这个差值叫做误差。测量的结果与实际值的接近程度和仪表的准确度有关。

1. 仪表的误差及分类

根据产生误差的原因，仪表误差分为两类。

（1）基本误差

仪表在正常的工作条件下（指规定的温度和放置方式，没有外磁场和外电场的干扰等）由于仪表的结构、工艺等方面的不完善而产生的误差叫做基本误差。如：仪表活动部分的摩擦、标度尺刻度不准、零件装配不当等原因造成的误差，都是仪表的基本误差，它是仪表本身所固有的。

（2）附加误差

仪表偏离了规定的工作条件（如温度、频率、波形的变化超出允许的条件，在使用中放置不当或存在外电场和外磁场的影响）而产生的误差叫做附加误差。它是一种因外界工作条件改变而造成的额外误差。

2. 误差的表示方法

（1）绝对误差 Δ

仪表的指示值 A_x 与被测量的实际值 A_o 之间的差值，叫做绝对误差，用 Δ 表示，即：

$$\Delta = A_x - A_o$$

（2）相对误差 γ

绝对误差与被测量的实际值的比值的百分数叫做相对误差，用 γ 表示，即：

$$\gamma = \frac{\Delta}{A_o} \times 100\%$$

(3) 引用误差 γ_m

相对误差可以表示测量结果的准确程度，但却不能说明仪表本身的准确程度。同一只仪表，在测量不同大小被测量时，因为被测量可以在仪表的整个刻度范围内变化，因此对应于不同大小的被测量，就有不同的相对误差。所以，不能用相对误差来全面衡量一只仪表的准确程度。工程上，一般用绝对误差与仪表量程比值的百分数来衡量仪表的准确度，称为引用误差，用 γ_m 表示，即：

$$\gamma_m = \frac{\Delta}{A_m} \times 100\%$$

3. 仪表的准确度

工程上规定以最大引用误差来表示仪表的准确度。仪表的最大绝对误差 Δ_m 与仪表量程 A_m 比值的百分数，叫做仪表的准确度，用 K 表示，即：

$$\pm K\% = \frac{\Delta_m}{A_m} \times 100\%$$

K 表示仪表的准确度等级，K 越小表示仪表误差越小。仪表的准确度等级与仪表的基本误差之间的关系见表 3—1。

表 3—1　　仪表的准确度等级与基本误差

准确度等级	0.1	0.2	0.5	1.0	1.5	2.5	5.0
基本误差（%）	±0.1	±0.2	±0.5	±1.0	±1.5	±2.5	±5.0

为保证测量结果的准确性，不仅要考虑仪表的准确度，还要选择合适的量程，通常测量时要尽量使仪表的指针能指在满刻度的后三分之一段。

二、常用电工测量方法和测量误差及消除方法

1. 常用电工测量方法

实践证明，测量结果准确与否，除了与所使用的电工仪表有关之外，还与所选择的测量方法有关。电工测量常用的方法有以下几种。

(1) 直接测量法

通过仪表直接指示出被测量的数值的测量方法叫做直接测量法。例如，电流表测电流、电压表测电压等。直接测量法方法简便、读数迅速。由于仪表直接接入被测电路，会使电路的工作参数发生变化，因而这种测量方法将影响测量结果的准确度。

(2) 间接测量法

测量时先测出与被测量有关的量，然后通过电工公式计算，求得被测量数值的方法，叫做间接测量法。这种测量方法适用于一些用直接测量法不方便的特殊场合，测量误差也比较大。

(3) 比较测量法

在测量过程中需要度量器的直接参与，并通过比较仪表来确定被测量数值的方法，叫

做比较测量法。如用电桥测量电阻等。根据被测量与标准量比较方式的不同，比较测量法又分为零值法、差值法、代替法三种。

2. 测量误差及消除方法

在测量过程中，由于受到测量仪表、测量方法、试验条件、外界环境以及观测经验等方面因素的影响，造成测量结果与被测量的实际值之间存在一定的差异，这种差异称为测量误差。根据测量误差产生的原因不同，可分为系统误差、偶然误差和疏失误差。

(1) 系统误差及消除方法

系统误差是指在相同条件下多次测量同一被测量时，误差的大小和符号均保持不变，而在条件改变时按照一定规律变化的误差，包括仪表本身的误差和测量方法的误差。消除系统误差的方法有：重新配置合适的仪表、对测量仪表进行校正、采用合理的测量方法、引入误差补偿等。

(2) 偶然误差及消除方法

偶然误差是一种大小和符号都不固定的误差，又称为“随机误差”。偶然误差主要由外界环境的偶发性变化引起，如外磁场、外电场、环境温度等变化，使得在重复测量同一被测量时，其结果不完全相同。通过多次测量同一被测量，算出平均值的方法可以消除偶然误差。

(3) 疏失误差及消除方法

疏失误差的产生的原因：一般是由于操作者粗心和疏忽造成的，如测量中读数错误、记录错误等。加强操作者的责任心是消除疏失误差的有效途径。

课后练习

一、填空题

1. 电工测量常用的方法有________、________、________。
2. 比较测量法又分为________、________、________三种。
3. 电工指示仪表按准确度等级分为________级。

二、问答题

1. 常见的测量误差有哪几种？怎样消除误差？
2. 什么是引用误差？

第二节　常用电工仪表及其使用

学习目标

1. 掌握万用表、钳形电流表的使用。
2. 掌握单臂电桥、兆欧表的使用。

一、万用表的使用

万用表一般是以测量电流、电压和电阻为主要目的，所以又叫三用表。但现在的万用表用途十分广泛，不仅可以测量电流、电压和电阻，还可以测量电平、电容量、电感量、晶体管的参数等。万用表的种类繁多，按照指示方式可分为模拟式万用表和数字万用表两大类，下面以最常用的 MF47 型万用表为例介绍万用表的使用，如图 3—1 所示为 MF47 型万用表。

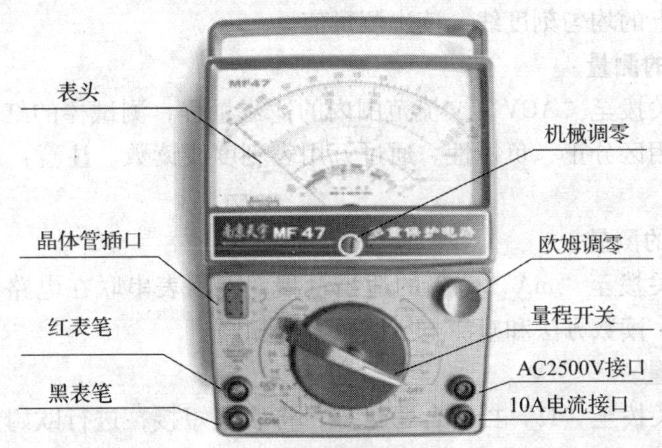

图 3—1　MF47 型万用表

1. 万用表的主要部件

(1) 万用表的刻度

万用表的刻度尺一般都有多条，在刻度尺中有些为均匀刻度和有些为非均匀刻度，不同的刻度和不同的量程对应，在读数时不能看错。

(2) 机械调零旋钮

在使用万用表时，若未进行任何测量万用表指针未指到机械零位置上，应先调整机械调零旋钮，使指针指在零位置上，机械调零杆有两个，一个在表面，称为上调零杆，还有一个在表头的下面，称为下调零杆，当上调零杆调整不能满足要求时，就要调整下调零杆。

(3) 量程及功能转换开关

量程及功能转换开关是用来完成测试功能和量程的选择。

(4) 欧姆调零旋钮

欧姆调零旋钮是在测量电阻时，对仪表本身因电池电压的变化而产生的误差进行校正。欧姆调零的方法：在欧姆挡，先将两表笔短接，调节欧姆调零旋钮，使指针指在零欧姆位置上。

(5) 输入插口

输入插口是万用表表笔与被测量连接的部位。使用时测试棒红、黑两短杆分别插入“+”“-”插口中。

(6) 晶体管插孔

在测量晶体管直流放大倍数 h_{FE} 时，按晶体管类型将三个电极对应插入 E. B. C 插孔内。

(7) 电池盒

电池盒位于表的后方，抽取盖板，可更换电池。万用表的电池有两块，一块是 1.5 V

二号电池，主要用于 R×1 Ω、R×100 Ω、R×1 kΩ 量程；另一块为 9 V 层叠电池，和 1.5 V 电池串联后用于 R×10 kΩ 量程。

2. 万用表的使用

(1) 直流电压的测量

将量程转换开关拨至“DCV”直流电压范围内的适当量程，万用表和被测电路并联，即测试棒的红、黑表笔分别接到被测电压的两端，且红表笔接到高电位端，黑表笔接低电位端，通过万用表上的均匀刻度线，读出测量值。

(2) 交流电压的测量

将量程转换开关拨至“ACV”交流范围内的适当量程，测试棒的红、黑表笔并接于被测电路的两端，不用区分正、负极性。通过万用表刻度线读数。注意：AC10V 读数采用专用的刻度线读取。

(3) 直流电流的测量

将量程转换开关拨至“mA”范围的适当量程，万用表串联在电路中，电流从红表笔流入，黑表笔流出。读数方法和直流电压读数方法相同。

(4) 电阻的测量

将量程转换开关拨至“Ω”挡的合适量程，将表笔短接，进行欧姆调零，然后将表笔分别接触电阻的两端，在测量时，人体不要同时接触电阻的两端，以防止误差。读数时通过“Ω”挡专用的刻度线读数。

3. 万用表使用注意事项

万用表虽然结构简单，但用途十分广泛，是电子电工技术工作中最常用的仪表。模拟式万用表，超载能力较差，且集多种功能为一体，一般没有特殊保护措施。在万用表使用中，可能因为使用错误，而造成仪表损坏，或危及设备、人身安全。因此，万用表必须遵守以下使用规则，以确保安全。

(1) 万用表的表笔有红、黑两种颜色，测量时表笔不可接错。

(2) 万用表的功能开关，在使用前应放置在选好的挡位上，绝对不能错位，禁止使用万用表的电流或电阻挡测量电压，以免损坏仪表。

(3) 测量中如果发现万用表的挡位不正确，应先将表笔脱离电源，再调整到合适的挡位。严禁在测量时直接变换量程开关。

(4) 测量电阻时，应先切断被测量电路的电源，如电路中有大电容器，还应进行放电处理，然后再进行测量，绝不能带电测量电阻。测量电阻时，还应将电阻至少一个引脚从电路中断开。

(5) 测量高电压时，为了确保人身安全，应将黑表笔固定在被测量电压的负极或低电位端，然后用单手操作红表笔进行测量。

(6) 万用表测量中应力求万用表的指针有较大偏转，测电阻时，应使指针尽量指示在刻度的中间位置，以使测量结果准确。

(7) 当不能确定被测电流或电压的大小时，应优先采用较大量程进行测量，然后再根据电流或电压的实际大小，选用准确的量程。

(8) 万用表用完以后，要将量程开关放在“关”的位置，或将量程开关放置在交流电压挡的最大量程上。

二、钳形电流表的使用

钳形电流表是测量较大交流电流的有效仪表，在测量交流电流时，不用切断导线就可测量电流，数字钳形电流表如图 3—2 所示，该仪表不但有钳形表的功能，还集成了万用表的部分功能。

1. 钳形电流表

捏紧钳形电流表的把手，使铁芯张开，将通有被测电流的导线放入钳口，松开把手后使铁芯闭合。通有被测电流的导线相当于电流互感器的一次线圈，在二次侧就会产生感生电压，该电压经整流后被送到仪表中，显示出被测电流的大小。

图 3—2 数字钳形电流表

2. 钳形电流表的正确使用

（1）测量前先估计被测电流的大小，选择合适的量程。若无法估计被测电流的大小时，则应从最大量程开始，逐步换成合适的量程。转换量程应在退出导线后进行。

（2）测量时应将被测载流导线放在钳口的中央，以免增大误差。

（3）钳口要结合紧密。若发现有杂声，应检查钳口结合处是否有污垢存在。如有则要用煤油擦干净后再进行测量。

（4）测量 5 A 以下的较小电流时，为使读数准确，在条件许可的情况下，可将被测导线多绕几圈再放入钳口中进行测量，被测的实际电流值就等于仪表的读数除以放进钳口中导线的圈数。

（5）测量完毕，一定要将仪表的量程开关置于最大量程位置上，以防下次使用时，由于使用者疏忽而造成仪表损坏。

（6）应在无雷雨和干燥的天气下使用钳形表进行测量，可由两人进行操作，一人操作一人监护。

（7）测量时应注意佩戴个人防护用品，特别注意人体与带电部分保持足够的安全距离。

三、单臂电桥的使用

1. 直流单臂电桥

直流单臂电桥的型号较多，但它们的使用方法大同小异，下面以常用的 QJ23 型直流单臂电桥为例，介绍电桥的使用方法。

QJ23 型直流单臂电桥如图 3—3 所示。它可测量 0 ~ 9 999 Ω 范围的任意电阻值，最小步进值为 1 Ω。面板上标有“R_x”的两个端钮用来连接被测电阻。当使用外接电源时，可从面板左上角标有“B”的两个端钮接入。如使用外附检流计时，应用连接片将内附检流计短路，再将外附检流计接在面板左下角标有“外接”的端钮上。

2. 直流单臂电桥的使用

（1）先将检流计的锁扣打开，调节检流计的调零器使指针归零。

（2）接入被测电阻“R_x”。连接导线应采用较粗、较短、导电性好的导线，这样可以减少接线电阻对测量结果的影响，接线柱要拧紧。

（3）估计被测电阻的大小，选择适当的比例臂，要求比较臂的四个挡都能被充分利用，尽量保证有比较多的有效数字，从而提高测量准确度。

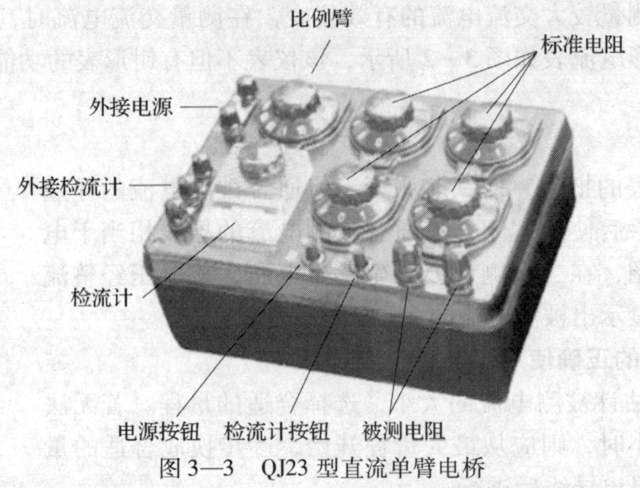

图 3—3　QJ23 型直流单臂电桥

（4）当测量电感线圈（如电动机或变压器绕组）的直流电阻时，应先按下电源按钮 B，再按下检流计按钮 G；测量完毕，应先松开检流计按钮 G，后松开电源按钮 B，以免被测线圈产生的自感电动势损坏检流计。

（5）电桥电路接通后，若检流计指针向“+”方向偏转，应增大比较臂电阻，反之则应减少比较臂电阻。如此反复调节各比较臂电阻，直至检流计指针指零，电桥处于平衡为止。此时，被测电阻等于比较臂读数乘以比例臂读数。

（6）电桥使用完毕后，应先松开检流计按钮，再松开电源按钮，拆除被测电阻，最后将检流计锁扣锁上，以防搬动过程中振坏检流计。对于没有锁扣的检流计，应将按钮“G”断开，它的常闭触头会自动将检流计短路，使可动部分受到保护。

（7）发现电池电压不足时应及时更换，否则将影响电桥的灵敏度。当采用外接电源时，必须注意电源极性。将电源的正负极分别接到“+”“-”端，且不要使外接电源电压超过电桥说明书上的规定值，否则有可能烧坏电桥。如果采用外接检流计，则要保证该检流计的准确度至少要和内接一样，以保证测量精度。

四、兆欧表的使用

1. 兆欧表的结构

兆欧表是专门测量绝缘电阻的仪表，如图 3—4 所示，它由手摇直流发电机、磁电系的比率表、测量线路组成，常用的兆欧表有 500 V、1 000 V、2 500 V 三个电压等级。测量前应正确选用兆欧表的电压等级，使兆欧表的额定电压与被测电气设备的额定电压相适应，如额定电压 500 V 及以下的电气设备一般选用500 ~ 1 000 V 的兆欧表，500 V 以上的电气设备选用 2 500 V 兆欧表，高压设备选用 2 500 ~ 5 000 V 兆欧表。

图 3—4　兆欧表

2. 兆欧表的检查

在兆欧表未接被测电阻之前，摇动发电机的手柄使之达到额定转速（120 r/min），观察指针是否指在标度尺的“∞”位置。再将端钮L和E短接，缓慢摇动手柄（注意此时手柄摇动不要太快，以防损坏仪表），观察指针是否指在标度尺的“0”位置。如果指针不能指在相应的位置，表明兆欧表有故障，必须检修后才能使用。

3. 绝缘电阻的测量

兆欧表共有3个接线端（L、E、G）。测量回路对地电阻时，L端与回路的导体连接，E端连接接地线或金属外壳；测量回路的绝缘电阻时，回路的首端与尾端分别与L、E连接；测量电缆的绝缘电阻时，为防止电缆表面泄漏电流对测量精度产生影响，应将电缆的屏蔽层接至G端。

在测量时，将兆欧表保持水平位置，左手按住表身，右手摇动兆欧表摇柄，转速约为120 r/min，并保持1 min，等数据稳定后，读取的数值就是设备的绝缘电阻。

4. 兆欧表的使用注意事项

（1）测量时必须正确接线。

（2）兆欧表接线柱引出的测量软线绝缘应良好，两根导线之间、导线与地之间应保持适当距离，以免影响测量精度。

（3）摇动兆欧表时，不能用手接触兆欧表的接线柱和被测回路，以防触电。

（4）摇动兆欧表后，各接线柱之间不能短接，以免损坏仪表。

（5）使用时必须水平放置，且远离外磁场。

（6）在雷电和邻近有带高压导体的设备时，禁止使用仪表进行测量。

（7）测量电容性电气设备的绝缘电阻时，应在取得稳定值读数后，先取下测量线，再停止转动手柄，测完后立即对被测设备接地放电。

（8）测量前，应切断被测电器及回路的电源，并对相关元件进行临时接地放电，以保证人身与兆欧表的安全，保证测量结果的准确性。

课后练习

一、填空题

1. 用万用表测量直流电，红表笔接到__________，黑表笔接__________。

2. 当用电桥测量电感线圈（电动机或变压器绕组）的直流电阻时，应先按下__________，再按下__________；测量完毕，应先松开__________，后松开__________。

3. 用电桥测电阻时，电桥与被测电阻的连接应用__________的导线。

4. 用万用表测量电阻值时，应使指针指示在__________处。

二、判断题

1. 单臂电桥使用完毕，应先拆除被测电阻，再切断电源，最后将检流计的锁扣锁上。（　）

2. 采用替代法可以消除系统误差。（　）

3. 单臂直流电桥主要用来精确测量电阻值。（　）

4. 测量检流计内阻时，必须采用准确度较高的电桥去测量。（　）

三、问答题

1. 怎样正确使用钳形电流表？
2. 怎样判断兆欧表的好坏？
3. 万用表使用中有哪些注意事项？

第三节　常用电工仪器及其使用

学习目标

1. 熟悉仪用互感器和通用双踪示波器的使用。
2. 熟悉晶体管特性图示仪的使用。

一、仪用互感器的使用

仪用互感器是一种特殊的变压器，用以传递信息供给测量仪器、仪表和保护、控制装置的变换器，也称为测量用互感器，是测量用电压互感器和测量用电流互感器的统称。

1. 仪用互感器的作用

（1）在大电流、高电压下，采用分流电阻和分压电阻的方法来扩大仪表量程有时非常困难，利用仪用互感器把大电流、高电压按比例变换成小电流、低电压，再用低量程的仪表进行测量，再根据互感器的比值，计算出被测电流或电压，这将有效扩大交流仪表的量程。

（2）当测量高压设备时，可以通过互感器使测量仪表、继电器等二次设备与主电路隔离。在测量高压时，可以保证工作人员和仪表的安全，同时降低了对仪表的绝缘要求。

（3）由于电压互感器二次侧的额定电压统一规定为100 V，而电流互感器二次侧的额定电流统一规定为5 A，因此，只要生产量程为100 V的交流电压表和5 A的交流电流表，再配用不同变比的仪用互感器，就能满足测量各种高电压和大电流的要求，有利于仪表的标准化生产。

2. 电流互感器

电流互感器实际上是一个降流变压器，外形、符号如图3—5所示，它能把一次侧的大电流变换成二次侧的小电流，在使用中，将需要测量电流的导线从互感器的圆孔中穿过，二次侧接额定电流为5 A的电流表。

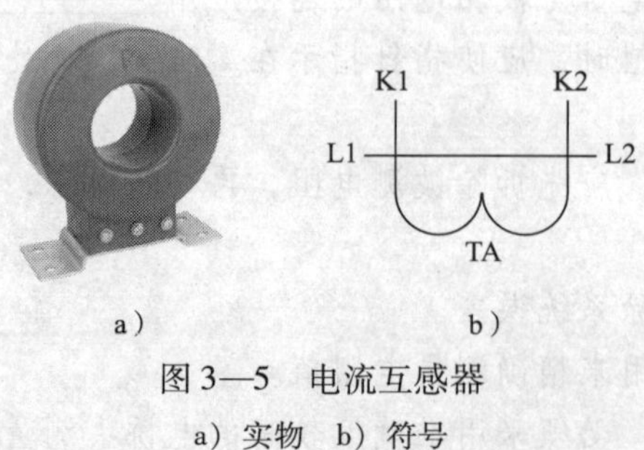

图3—5　电流互感器

a）实物　b）符号

电流互感器的一次侧额定电流与二次侧额定电流之比叫做电流互感器的额定变流比，用 K_{TA} 表示，它是电流互感器的重要参数，标注在互感器的铭牌上。

3. 电压互感器

电压互感器实际上就是一个降压变压器，它能将一次侧的高电压变换成二次侧的低电压，如图 3—6 所示为 JDZ1 - 1 电压互感器，以及电压互感器的符号。电压互感器使用时，将一次侧与被测电路并联，二次侧与额定电压为 100 V 的电压表并联。

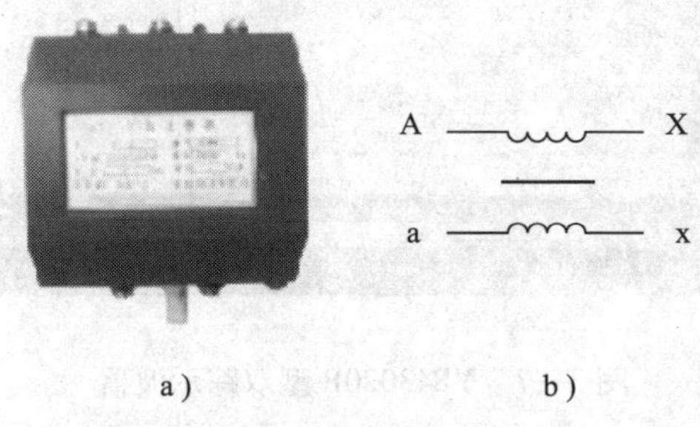

a）　　b）

图 3—6　电压互感器

a）JDZ1 - 1 电压互感器　b）电压互感器符号

电压互感器一次侧额定电压与二次侧额定电压之比称为电压互感器的额定变压比，用 K_{TV} 表示。

4. 互感器使用中的注意事项

（1）电流互感器和电压互感器的铁芯和二次侧的一端必须可靠接地，以确保人身和设备的安全。

（2）要正确接线，注意互感器的极性，电流互感器一次侧、二次侧的 L_1 和 K_1、L_2 和 K_2 是同名端；电压互感器一次侧的 A 与二次侧的 a 是同名端，一次侧的 X 与二次侧的 x 是同名端。

（3）电流互感器的二次侧在运行中绝对不允许开路，因为开路时，一次电流全部用于励磁，二次侧可能输出高压，危及安全，并且过大的磁通导致铁芯迅速饱和，铁芯发热烧毁互感器。电压互感器的二次侧在运行中绝对不允许短路，因为短路时将在互感器中产生大电流，烧坏互感器，并可能造成被测电路故障。在实际使用中，电流互感器的二次侧不装熔断器，而电压互感器两侧都要安装熔断器，以确保安全。

（4）接在同一互感器上的仪表数量不能太多，否则接在二次侧的仪表消耗的功率将超过互感器二次侧的额定功率，从而导致测量误差增大。

二、通用双踪示波器的使用

示波器是测量波形的有效仪表，它型号众多，但是一般的示波器除频带宽度、输入灵敏度等不完全相同外，使用方法基本相同。现以 YB43020B 型双踪示波器为例介绍其使用方法。

1. 面板介绍

YB43020B 型双踪示波器如图 3—7 所示。其面板装置按位置和功能通常可划分为：显示控制、垂直（Y 轴）扫描、水平（X 轴）扫描三大部分。

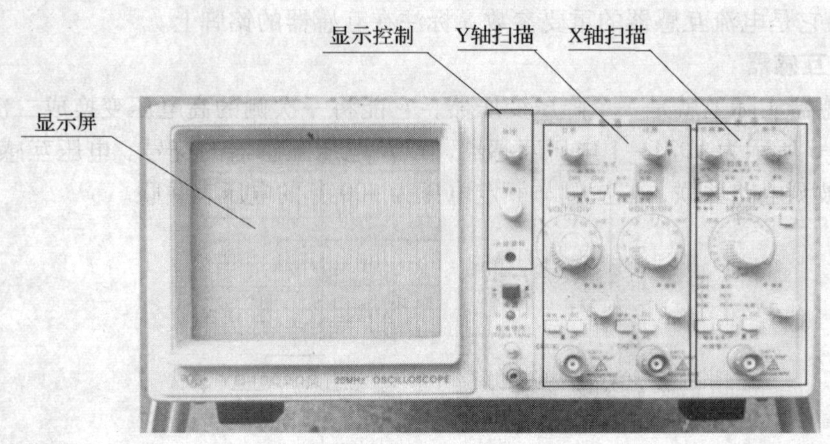

图 3－7　YB43020B 型双踪示波器

（1）显示控制

显示控制部分主要有：电源开关、电源指示灯、辉度旋钮、聚焦旋钮、光迹旋转、标尺亮度等。

1）电源开关：按下此开关，仪器电源接通，指示灯亮。

2）辉度旋钮：调整扫描线的亮度。

3）聚焦旋钮：用以调节示波管电子束的焦点，使显示波形细而清晰。

4）光迹旋转：当扫描基线不水平时调整用。

（2）Y 轴扫描

Y 轴扫描部分有两个通道，分别是 CH1 和 CH2，该部分主要由垂直位移和垂直方式选择开关、灵敏度选择开关（VOLTS/DIV）、（AC、GND、DC）垂直通道的输入耦合方式选择开关组成。

1）垂直位移：用以调节光迹在垂直方向的位置。

2）垂直方式：选择垂直系统的工作方式。

①CH1：只显示 CH1 通道的信号。

②CH2：只显示 CH2 通道的信号。

③交替：用于同时观察两路信号，此时两路信号交替显示，该方式适合扫描速率较快时使用。

④断续：两路信号断续工作，适合在扫描速率较慢时，同时观察两路信号。

⑤叠加：用于显示两路信号相加的结果，当 CH2 极性开关被按下时，则两信号相减。

⑥CH2 反相：按下此键，CH2 的信号被反相。

3）灵敏度（VOLTS/DIV）：选择垂直轴的灵敏度，从 5mV/div ~ 5V/div 分 10 个挡级调整。

4）微调：用以连续调节垂直轴幅度，调节范围≥2.5 倍，该旋钮逆时针旋足时为校准位置，此时可根据“VOLTS/DIV”开关度盘位置和屏幕显示幅度读取该信号的电压值。

5）耦合方式：（AC、GND、DC）垂直通道的输入耦合方式选择。

①AC：信号中的直流分量被隔开，用以观察信号的交流成分。

②DC：信号与仪器通道直接耦合，当需要观察信号的直流分量或被测信号的频率较低时应选用此方式。

③GND：输入端处于接地状态，用以确定输入端为零电位时光迹所在位置。

（3）X 轴扫描

X 轴扫描部分由位移、电平、扫描方式、×5 扩展、微调、触发源等组成。

1）水平位移：用以调节光迹在水平方向的位置。

2）电平：用以调节被测信号触发电平大小。

3）极性：用以选择被测信号在上升沿或下降沿触发扫描。

4）扫描方式：选择产生扫描的方式。

①自动：当无触发信号输入时，屏幕上显示扫描线，一旦有触发信号输入，电路自动转换为触发扫描状态，调节电平可使波形稳定地显示在屏幕上，此方式适合观察频率在 50Hz 以上的信号。

②常态：无信号输入时，屏幕上无光迹显示，有信号输入时，且触发电平旋钮在合适位置上，电路被触发扫描，当被测信号频率低于 50 Hz 时，必须选择该方式。

③锁定：仪器工作在锁定状态后，无须调节电平即可使波形稳定地显示在屏幕上。

④单次：用于产生单次扫描，进入单次状态后，按动复位键，电路工作在单次扫描方式，扫描电路处于等待状态，当触发信号输入时，扫描只产生一次，下次扫描需再次按动复位按键。

5）×5 扩展：按下后扫描速度扩展 5 倍。

6）扫描速率（SEC/DIV）：根据被测信号的频率高低，选择合适的挡极。当扫描“微调”置校准位置时，可根据波形在水平轴的距离，读出被测信号的时间参数。

7）微调：用于连续调节扫描速率，调节范围≥2.5 倍，逆时针旋足为校准位置。

8）触发源：用于选择不同的触发源。

①CH1：在双踪显示时，触发信号来自 CH1 通道，单踪显示时，触发信号则来自被显示的通道。

②CH2：在双踪显示时，触发信号来自 CH2 通道，单踪显示时，触发信号则来自被显示的通道。

③交替：在双踪交替显示时，触发信号交替来自于两个 Y 通道，此方式用于同时观察两路不相关的信号。

④外接：触发信号来自于外接输入端口。

2. 示波器使用前的检查、调整和校准

示波器初次使用前或久藏复用时，有必要进行一次能否工作的简单检查，进行扫描电路稳定度、垂直放大电路直流平衡的调整。利用示波器自带的标准信号源，对示波器进行电压和时间的定量测试，本示波器输出的是峰值为 5 V、1 kHz 的方波。

3. 使用步骤

用示波器能观察不同信号波形，还可以应用于测量电压、时间、频率、相位差和调幅等参数，示波器的选择开关众多，每一个开关都有不同的含义，在使用中要正确选择，下面简单介绍示波器的使用步骤。

（1）选择 Y 轴耦合方式

在测量直流或频率较低的交流信号时采用 DC 耦合；当测量频率较高信号或交直流信号中的交流部分时，采用 AC 耦合。

（2）选择 Y 轴灵敏度

根据被测信号的大约峰值，将 Y 轴灵敏度选择开关置于适当挡级。实际使用中如不需读测电压值，还可适当调节 Y 轴灵敏度微调旋钮，使屏幕上显现所需要高度的波形。

（3）选择触发（或同步）信号来源与极性

通常将触发（或同步）信号极性开关置于“+”挡或“-”挡。

（4）选择扫描速度

根据被测信号频率的值，将 X 轴扫描速度开关置于适当挡级。实际使用中如不需读测时间值，则可适当调节微调旋钮，使屏幕上显示测试所需的波形。

（5）校准

在需要准确测量波形参数时，必须将各微调旋钮旋到校准位置。

三、晶体管特性图示仪的使用

晶体管特性图示仪是一种专用测试仪器，它能直接观察各种晶体管特性曲线及曲性簇。例如，晶体管共射、共基和共集三种接法的输入、输出特性；二极管的正向、反向特性等。

1. 晶体管特性图示仪的构成

晶体管特性图示仪主要由集电极扫描发生器、基极阶梯发生器、同步脉冲发生器、X 轴电压放大器、Y 轴电流放大器、示波管、电源及各种控制线路等组成。各组成部分的主要作用如下。

（1）集电极扫描发生器的主要作用是产生集电极扫描电压，其波形是正弦全波波形，幅值可以调节，用于形成水平扫描线。

（2）基极阶梯发生器的主要作用是产生基极阶梯电流信号，其阶梯的高度可以调节，用于形成多条曲线簇。

（3）同步脉冲发生器的主要作用是产生同步脉冲，使扫描发生器和阶梯发生器的信号严格保持同步。

（4）X 轴电压放大器和 Y 轴电流放大器的主要作用是把从被测元件上取出的电压信号（或电流信号）进行放大，达到能驱动显示屏发光的电平，然后送至示波管的相应偏转板上，在屏面上形成扫描曲线。

（5）示波管的主要作用是在荧屏面上显示测试的曲线图像。

2. XJ4810 型晶体管特性图示仪简介

XJ4810 型晶体管特性图示仪实物如图 3—8 所示，它的测量电路采用了晶体管和集成电路器件，主要由集电极电源、阶梯信号发生器、X 轴和 Y 轴放大器、二簇电子开关、高低压电源等几部分组成。其显示部分和示波器的使用方法相似。

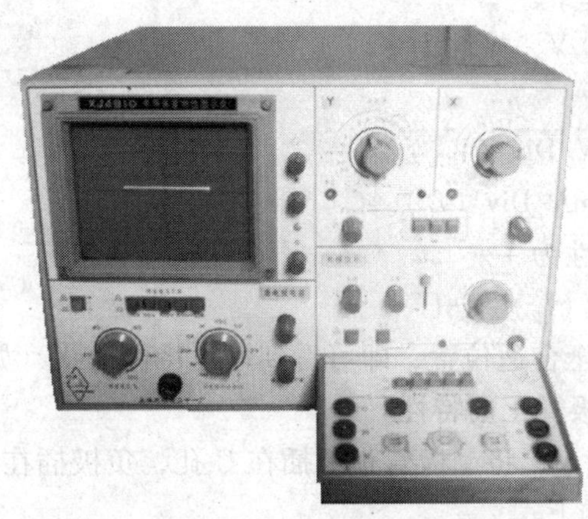

图 3—8　XJ4810 型晶体管特性图示仪

（1） X 轴选择开关

X 轴选择开关是一个具有 17 挡、4 种作用的旋转开关，用于选择不同的水平偏转灵敏度，它包括以下 17 挡。

1） 集电极电压，从 0.05 ~ 50 V/Div 分为 10 挡。

2） 基极电压，从 0.05 ~ 1 V/Div 分为 5 挡。

3） 基极电流或基极源电压一挡。

4） 外接一挡。

（2） Y 轴选择开关

Y 轴选择开关是一个具有 22 挡、4 种作用的旋转开关，用于选择不同的垂直偏转灵敏度，它包括以下 22 挡。

1） 集电极电流，从 10 uA/Div ~ 0.5 A/Div 分为 15 挡。

2） 二极管反向漏电流，从 0.2 ~ 5 uA/Div 分为 5 挡。

3） 基极电流或基极源电压一挡。

4） 外接一挡。

（3） 显示开关

显示开关是一个 3 挡按键开关，用于显示选择。

1） 转换：使图像在 Ⅰ、Ⅲ 象限内相互转换，以简化测 NPN 管转为测 PNP 管的操作。

2） 接地：使放大器输入接地，以显示输入为零的基准点。

3） 校准：对 X、Y 放大器进行标度校正。

（4） 峰值电压范围开关和峰值电压调节旋钮

分 4 挡实现 0 ~ 10 V （5 A）、0 ~ 50 V （1 A）、0 ~ 100 V （0.5 A） 和 0 ~ 500 V （0.1 A） 电压连续可调。

3. 测试实例

（1） 测量硅 NPN 三极管 9014 的共发射极输出特性

1） 将峰值电压调到 0 V，将晶体管插在插座上。

2）各旋钮选择位置如下。

峰值电压范围：0～20 V，极性为＋。

功耗电阻：250 Ω。

X 轴：集电极电压 1 V/Div（V_{CE}）。

Y 轴：集电极电流 1 mA/Div（I_C）。

阶梯信号：重复，极性为＋。

阶梯电流：10 μA/级（I_B）。

将峰值电压逐渐调大至合适位置，即可看到输出特性曲线，如图 3—9 所示。

（2）测量 1N4001 二极管正向特性

1）将峰值电压调到 0 V，将二极管正极插在 C 孔，负极插在 E 孔中。

2）各旋钮选择位置如下。

峰值电压范围：0～10 V，极性为＋。

功耗电阻：250 Ω。

X 轴：集电极电压 0. 1 V/Div。

Y 轴：集电极电流 10 mA/Div。

阶梯信号：关。

逐渐加大峰值电压，即可看到 1N4001 正向特性曲线，如图 3—10 所示。

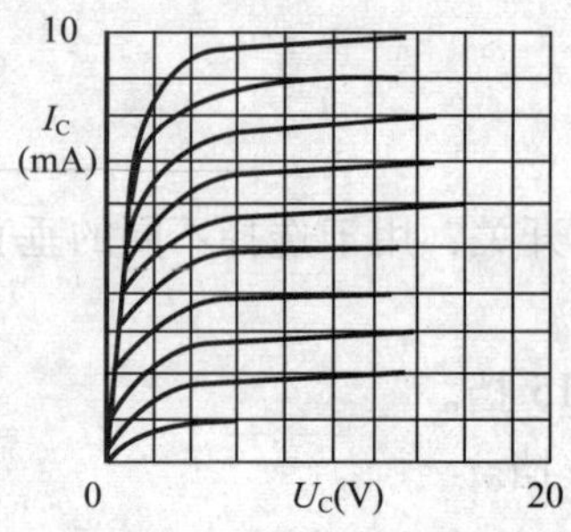

图 3—9　9014 晶体管输出特性曲线

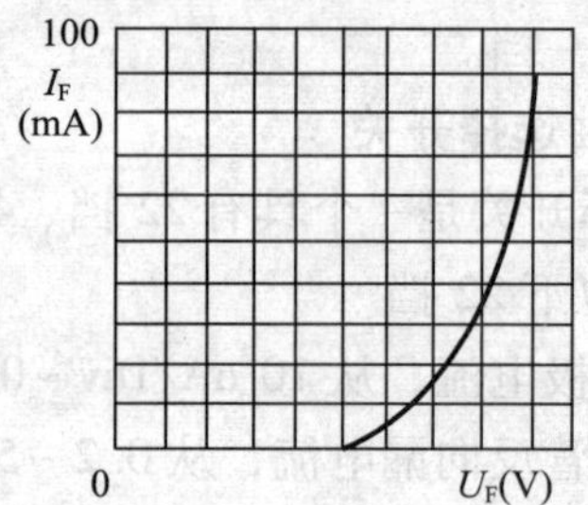

图 3—10　1N4001 二极管正向特性

（3）测量 1N4001 二极管反向特性

1）将峰值电压调到 0 V，将二极管正极插在 E 孔，负极插在 C 孔中。

2）各旋钮选择位置如下。

峰值电压范围：0～500 V，极性为＋。

功耗电阻：10 kΩ。

X 轴：集电极电压 20 V/Div。

Y 轴：集电极电流 1 μA/Div。

阶梯信号：关。

逐渐加大峰值电压，即可看到 1N4001 反向特性曲线，如图 3—11 所示。

4. 晶体管测试仪使用的注意事项

(1) 晶体管特性图示仪的开关、旋钮较多，且相互关联，因此测试前必须认真阅读使用说明书，熟悉测试方法。

(2) 必须十分清楚被测晶体管的性能、规格和测试条件，否则可能损坏器件。

(3) 阶梯信号选择、功耗限制电阻、峰值电压范围三个旋钮使用时应特别注意，若使用不当会造成被测晶体管的损坏。

(4) 测试晶体管的极限参数、过载参数时，应采用单簇阶梯信号，以防过载而损坏被测器件。

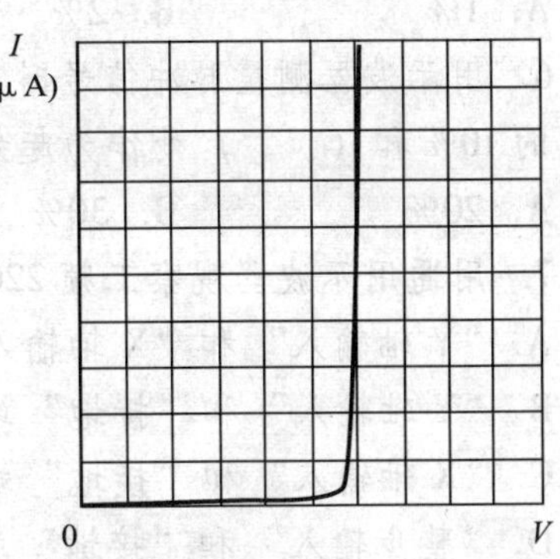

图 3—11 1N4001 二极管反向特性曲线

(5) 晶体管特性图示仪使用完毕应随即关断电源，并使仪器各开关旋钮复位，以防下次使用时，因疏忽而损坏被测器件。特别注意应将“峰值电压范围”开关置于（0~10）V 挡，“峰值电压调节”旋到零位，“阶梯信号选择”开关置于“关”挡，“功耗限制电阻”置于 10 kΩ 以上位置，以防下次测试时因开关选择不当而发生事故。

课后练习

一、填空题

1. 示波器能观察不同信号波形，还可以应用于测量电压、________、________、________和________等参数。

2. 晶体管特性图示仪主要由________、________、________、________、________、________电源及各种控制线路等组成。

3. 电压互感器实际是一个__________变压器，它将一次侧的__________变换成二次侧的__________。

二、选择题

1. 发现示波管的光点太亮时，应调节（　　）。

A. 聚焦旋钮　　B. 辉度旋钮

C. Y 轴增幅旋钮　　D. X 轴增幅旋钮

2. 调节普通示波器“X 轴位移”旋钮可以改变光点在（　　）。

A. 垂直方向的幅度　　B. 水平方向的幅度

C. 垂直方向的位置　　D. 水平方向的位置

3. 调节通用示波器的“扫描范围”旋钮可以改变显示波形的（　　）。

A. 幅度　　B. 个数　　C. 亮度　　D. 相位

4. 用普通示波器观测一波形，若显示屏显示由左向右不断移动的不稳定波形时，应当调整（　　）旋钮。

A. X 轴位移　　B. 扫描范围　　C. 整步增幅　　D. 同步选择

5. 用示波器测量电压的误差比较大，一般为（　　）。

A. 1%　　B. 2%　　C. 5%　　D. 7%

6. 用示波器测量脉冲信号时，在测量脉冲上升时间和下降时间时，根据定义应从脉冲幅度的10%和（　　）处作为起始和终止的基准点。

A. 20%　　B. 30%　　C. 50%　　D. 90%

7. 用通用示波器观察工频220 V电压波形时，被测电压应接在（　　）之间。

A. “Y轴输入”和“X轴输入”端钮

B. “Y轴输入”和“接地”端钮

C. “X轴输入”和“接地”端钮

D. “整步输入”和“接地”端钮

8. 电流互感器二次侧串联的电流线圈不能（　　）。

A. 过小　　B. 过大　　C. 过多　　D. 过少

9. 电流互感器原边绕组匝数（　　）。

A. 很少　　B. 很多　　C. 同副边一样　　D. 比副边多

10. 电压互感器的二次侧接（　　）。

A. 频率表　　B. 电流表　　C. 万用表　　D. 电压表

11. 电压互感器的二次线圈有一点接地，此接地应称为（　　）。

A. 重复接地　　B. 工作接地　　C. 保护接地　　D. 防雷接地

12. 电压互感器的一次侧（　　）在被测电路中。

A. 并联　　B. 串联　　C. 混联　　D. 互联

13. 晶体管特性图示仪集电极扫描电压发生器产生（　　）电压。

A. 正弦波　　B. 锯齿波　　C. 方波　　D. 正弦半波

14. 基极阶梯信号发生器产生的基极阶梯信号的阶梯高度可调，用于形成（　　）。

A. 一条锯齿波电压　　B. 多条锯齿波电压

C. 一条曲线簇　　D. 多条曲线簇

三、问答题

1. 在示波器测量中显示的波形如图3—12所示，已知Y轴衰减旋钮置于1 V/Div，扫描时间为20 μs/Div，则图示波形的最大值、有效值、周期各为多少？

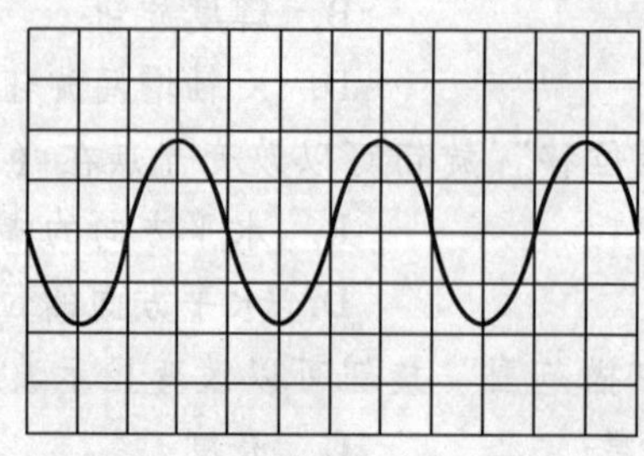

图3—12

2. 在晶体管特性图示仪中，对集电极扫描电压的要求有哪些？

3. 简述用晶体管特性图示仪测量小功率三极管的步骤。

第四章 电工材料选型基础知识

第一节　常用电工材料的分类及应用

学习目标

熟悉导电材料、绝缘材料和磁性材料的分类及应用。

一、导电材料

导电材料中含有大量的带电粒子，在电场作用下能够自由移动，因而能很好地传导电流。导电材料应具有良好的机械性能和加工性能、耐大气腐蚀、化学稳定性高，同时还应该资源丰富、价格低廉。常用的导电材料有金属、合金、复合金属和不以导电为主要功能的其他特殊导电材料四大类。

1. 金属

金属一般都具有良好的导电性能，如金、银、铜、铝、钨、锌、铁、锡等，其中被广泛应用的导电材料是铜、铝。导电用铜一般选用含铜量大于99.90%的工业纯铜。制造电线电缆等导电用铝，其铝的含量必须在99.5%以上。常用的导电用铝材有特一号铝、特二号铝和一号铝。

2. 合金

在一种金属中加入一些其他金属而形成的新材料称为合金，导电用合金有：铜合金（银铜、镉铜、铬铜、铍铜等）；铝合金（铝镁硅、铝镁、铝镁铁等）。导电用铜合金不但具有良好的导电性能，而且某些铜合金，还具有独特的特性，可用于不同要求的场合，如换向器、集电环、刀开关的触头等。在纯铝中添加镁、硅、铁、铬、铜、锆等元素制成的导电铝合金，可提高其耐热性和机械强度，铝合金常用于制造导线和电工产品的导电铸件及外壳、极板、远距离的架空电力线路等。

3. 复合金属

两种或多种金属采用热轧、冷轧、喷涂等工艺方法而形成的金属称为复合金属，它具有耐热、耐腐蚀、高导电或高强度等特性。常用于生产各种输电线、通信线、大电流导体、航空导线等特殊用途的导线。

4. 其他材料

其他材料还有银、镉、钨、铂、钯等元素的合金、铁铬铝合金、碳化硅、石墨等材料，它们不以导电为主要功能，而在电热、电磁、电光、电化学效应方面具有良好的性能，广泛应用在热工仪表、电工仪表、电器、自动化装置的技术领域，如制造炭刷、高电阻合金、触头、电热材料、测温控温等。

二、绝缘材料

绝缘材料又称电介质，是指导电能力很差的物质。任何绝缘体在电压作用下，都有微弱的电流通过，但由于电流极其微弱，一般把它看成理想的绝缘体。绝缘材料的主要作用是用来隔离带电体或不同电位的导体，以保证用电安全。此外，在各类电工产品中，绝缘材料有时还起着支撑、固定、灭弧、防潮、防霉、储能、耐化学腐蚀等作用。

绝缘材料的种类繁多，一般按照材料的物理形态分为气体绝缘材料、液体绝缘材料和固体绝缘材料。常用的气体绝缘材料有空气、氮气、二氧化碳和六氟化硫等；常用的液体绝缘材料有变压器油、断路器油、电容器油、电缆油等；常用的固体绝缘材料有绝缘漆、胶、纸、纸板等绝缘制品，以及漆布、漆管等绝缘浸渍纤维制品，此外还有云母制品、电工塑料、陶瓷及橡胶等。

1. 气体绝缘材料

在通常情况下，常温、常压的干燥气体一般都具有良好的绝缘性能。常用的气体绝缘材料有空气、六氟化硫。

2. 液体绝缘材料

液体绝缘材料主要有矿物绝缘油、合成绝缘油和植物绝缘油，其中矿物绝缘油使用最广泛。常用绝缘油有：变压器油和超高压变压器油、断路器油、电容器油、电缆绝缘油等。

3. 绝缘纤维制品与橡胶制品

绝缘纤维制品是指绝缘纸、纸板、纸管和各种纤维织物等绝缘材料。制造这类制品常用的纤维有植物纤维、无碱纤维和合成纤维。

橡胶是一种高弹性的高分子化合物，因其具有良好的绝缘性能而被广泛用于电气工业。橡胶可分为天然橡胶和合成橡胶两大类，天然橡胶是由橡胶树或橡胶草取得的胶乳经加工而得；合成橡胶是由单体二烯烃和烯烃在一定条件下聚合而成的。

4. 电工用塑料

电工用塑料一般是由合成树脂、填料和各种添加剂等合成的高分子材料，它可以用模具加工成各种形状。电工用塑料质量轻、绝缘性能好，有良好的机械强度。电工用塑料可分为热固性塑料和热塑性塑料两大类。常用于制造电气设备中的各种外壳，以及作为电线电缆的绝缘和护套材料。

5. 电工用玻璃、陶瓷、云母和石棉

玻璃常温下具有极好的绝缘性能，介电系数较大。电工用玻璃按其用途可分为绝缘子玻璃、电真空玻璃、玻璃陶瓷和低熔点玻璃等。陶瓷、云母和石棉也是常用的绝缘材料。

三、磁性材料

磁性材料是电工电子中常用的材料之一，电和磁是两种密不可分的物质，前面已经讲过，磁性材料根据其在外磁场中表现的不同，物质可分为顺磁物质、反磁物质和铁磁物质，

铁磁物质可分为软磁材料、硬磁材料和矩磁材料三大类。

1. 软磁材料

软磁材料是指剩磁低、容易磁化和去磁、磁滞损耗小的铁磁材料。其主要用来作为磁路，软磁材料分为金属软磁材料和铁氧体软磁材料两大类。其中金属软磁材料主要有纯铁、硅钢片（见图4—1a）、铁镍合金等，主要用来制造变压器铁芯、电动机铁芯、镇流器铁芯等；铁氧体软磁材料如图4—1b所示，用来制造各种高频线圈的磁芯用，如半导体收音机中的磁棒天线，各种中周磁芯、开关变压器磁芯等。

2. 硬磁材料

硬磁材料又称为永磁材料，是指剩磁高，必须用较强的外磁场才能使其磁化，经磁化后，能较长时间保持强而稳定的磁性的材料。常用的永磁材料有：铝镍钴合金、铸造铝镍钴合金、铁氧体硬磁材料、稀土钴硬磁材料、塑性变形硬磁材料等。

永磁材料作为磁场源，常制成永久磁铁（见图4—2），应用于磁电系测量仪表、扬声器、永磁发电机中。

a）　　b）

图4—1　软磁材料

a）硅钢片　b）铁氧体材料

图4—2　永久磁铁

3. 矩磁材料

当有较小的外磁场作用时，就能使矩磁材料磁化，并达到饱和，去掉外磁场后，磁性仍然保持与饱和时一样，常用的矩磁材料有镁锰铁氧体、锂锰铁氧体等，这种铁氧体材料，主要用作信息记录，如电子计算机磁盘等。

课后练习

一、填空题

1. 常用的导电材料有________、________、________和不以导电为主要功能的其他特殊导电材料四大类。

2. 绝缘材料的种类繁多，一般按照材料的物理形态分为________、________和________。

3. 磁性可分为________、________和________，铁磁物质按矫顽力的大小分为________、________和________三大类。

4. 云母制品属于________材料。

二、判断题

1. 导电金属是指专门用来传导电流的金属材料。 ( )
2. 铜的导电性能与铜的纯度无关。 ( )
3. 绝缘材料中的杂质会使击穿电压降低。 ( )
4. 磁导率表示材料导磁能力的大小。 ( )
5. 磁性材料是指铁磁物质组成的材料。 ( )
6. 磁性材料主要分为硬磁材料与软磁材料两大类。 ( )
7. 氢气不能作为气体绝缘材料。 ( )

三、问答题

1. 绝缘材料的主要作用是什么？
2. 导电金属应具有怎样的特性？
3. 什么是硬磁材料，常见的硬磁材料有哪些，硬磁材料有什么用途？

第二节　电线电缆的使用

熟悉裸导线、电磁线和电线电缆的使用。

电线电缆主要用于电力的传输与分配，以及各种电气信号的传递和转换等，根据产品的结构、性能和使用特点可分为裸导线、电磁线、电气装备用电线电缆、电力电缆、通信电缆和通信光缆五大类。

一、裸导线

裸导线是一种表面裸露、没有绝缘层的导线。其主要用于电力、交通、电信工程与电动机、变压器和电器的制造。按产品结构和用途分为单线、裸绞线、软接线、型线和型材四大系列。

1. 单线

单线按材质可分为铜单线、铝单线和合金线。按外形可分为圆单线、扁单线和异型线。圆单线抗拉强度大、弯曲性能好，主要用作各种电线电缆的导电线芯，或用于加工制造裸绞线等。扁单线主要用于制造电动机、电器的绕组线和电器设备的连接线。

2. 裸绞线

裸绞线是由多股单线绞合而成的裸导线，它可以被制成较大截面的导线，以传输较大的电流，而且比较柔软，具有较高的抗拉强度和耐振动性能、较小的蠕变性能，主要用作架空导线。常用裸绞线有铜绞线、铝绞线（见图4—3）、钢芯铝绞线、铝合金绞线、钢芯铝合金绞线、钢芯铝包钢绞线等。

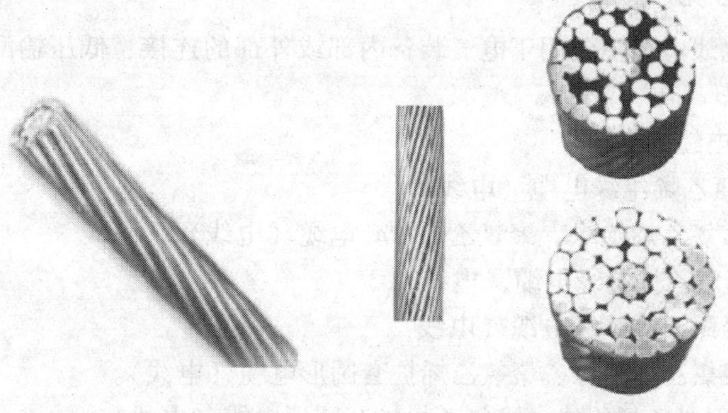

图 4—3　铝绞线

二、电磁线

电磁线主要用于绕制变压器、电动机绕组。电磁线按绝缘层的特点和用途可分为漆包线、绕包线、无机绝缘电磁线和特种电磁线等。

1. 漆包线

漆包线是在导电线芯上涂绝缘漆后，经烘干形成绝缘层的电磁线。适用于制造中小型电动机、电器和电工仪表的线圈。按其使用温度及使用特点的不同分为普通漆包线、耐高温漆包线和特种漆包线等。如图 4—4 所示为漆包线。

2. 绕包线

绕包线是采用绝缘纸、天然丝、玻璃丝或合成树脂薄膜等紧密绕包在导线芯上形成绝缘层的电磁线。绝缘层具有比漆包线厚、电性能较高、能较好地承受过电压和过负载等特点。按绝缘层的结构特点，绕包线可分为纸包线、纤维绕包线、薄膜绕包线和复合绕包线等。如图 4—5 所示为绕包线。

图 4—4　漆包线

图 4—5　绕包线

三、电线电缆

电气装备用电线电缆主要用于电气装备内部或外部的连接、低压输配电力线及各种电信号传递线等。

1. 常用电线电缆的名称

BV：铜芯聚氯乙烯绝缘电缆（电线）。

RVV：铜芯聚氯乙烯绝缘、聚氯乙烯护套电缆（电线）。

BLV：铝芯聚氯乙烯绝缘电缆（电线）。

BVR：铜芯聚氯乙烯绝缘电缆（电线）。

BVV：铜芯聚氯乙烯绝缘、聚氯乙烯护套圆形电缆（电线）。

BLVV：铝芯聚氯乙烯绝缘、聚氯乙烯护套圆形电缆（电线）。

BVVB：铜芯聚氯乙烯绝缘、聚氯乙烯护套平形电缆（电线）。

BLVVB：铝芯聚氯乙烯绝缘、聚氯乙烯护套平形电缆（电线）。

2. 导线的线径与截面积（见表 4—1）

表 4—1　导线的线径与截面积

导线截面积/mm^2	导线直径/mm	导线截面积/mm^2	导线直径/mm
0. 5	0. 80	25	5. 64
0. 75	0. 98	35	6. 68
1	1. 13	50	7. 98
1. 5	1. 38	70	9. 44
2. 5	1. 78	95	11. 00
4	2. 26	120	12. 36
6	2. 76	185	15. 35
10	3. 57	240	17. 49
16	4. 51	300	19. 55

课后练习

一、填空题

1. 电线电缆主要用于________________以及各种电气信号的________和________等。

2. 裸导线是一种________________的导线。其主要用于________、________、________、________和电器的制造。

3. 电磁线按绝缘层的特点和用途可分为________、________、________和特种电磁线等。

4. 常用电线电缆有：________、________、________、________等。

二、判断题

1. 电缆一般由导电线芯、钢丝和保护层所组成。　　（　　）

2. 各种绝缘材料的绝缘电阻强度的指标是抗张、抗压、抗弯、抗剪、抗撕、抗冲击等。（　）

3. 电线电缆用热塑性塑料最多的是聚乙烯和聚氯乙烯，可作电线电缆的绝缘与保护层。（　）

4. 电线电缆由导体、绝缘层和保护层构成的，这三种基本结构缺一不可。（　）

第三节　其他电工材料

学习目标

1. 熟悉线槽与线管材料。
2. 了解电子焊接材料。

一、线管与线槽

线管与线槽用于保护其中的绝缘导线不受外界的机械损伤，保障安全及防潮、防腐等。常用的线管与线槽有：有缝钢管、电线管、硬聚氯乙烯管、软聚氯乙烯管、自熄塑料电线管、金属软管、难燃聚氯乙烯（PVC）电线槽管、瓷管等，常见的几种线管、线槽如图4—6所示。

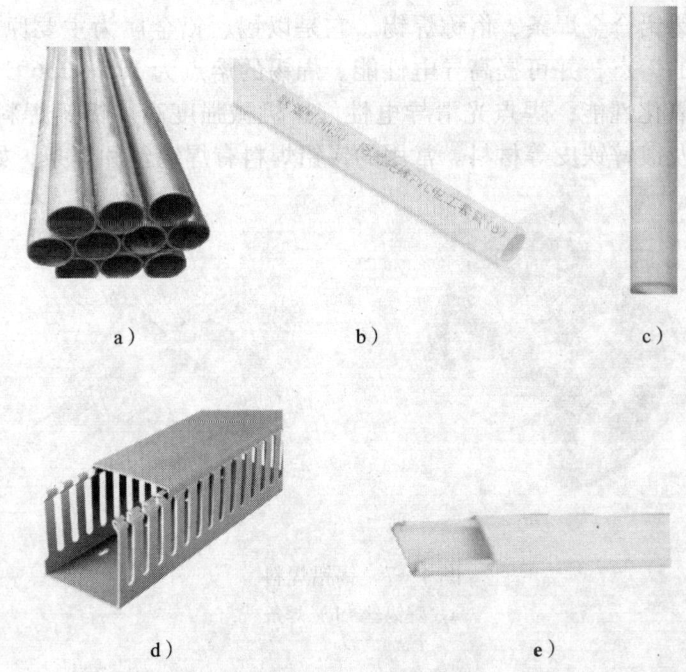

a）　b）　c）　d）　e）

图4—6　常见线管和线槽
a）有缝钢管　b）PVC 塑料硬管　c）瓷管　d）PVC 塑料行线槽　e）PVC 塑料槽板

1. 有缝钢管

有缝钢管有镀锌管和不镀锌管两种。镀锌管的抗腐蚀能力较强，常用于潮湿、有腐蚀性介质的场所作暗敷。不镀锌的黑铁管抗腐蚀性差，常用于干燥场所作明敷。

2. 电线管

电线管是穿绝缘电线的专用钢管，管壁较薄，管壁内外均涂有一层绝缘漆，常用于不受较大外力的干燥场合明敷或暗敷。

3. 聚氯乙烯（PVC）硬管

聚氯乙烯硬管的特点是耐腐蚀、质量轻，适用于有腐蚀的场合。

4. 阻燃塑料电线管

阻燃塑料电线管由改性聚氯乙烯作原料制得，具有良好的阻燃塑性能。适用于敷设在建筑物中的天花板内、地板下和某些明敷的场合。

5. 瓷管

瓷管主要指交流或直流电压500 V以下的低压户内线路用线管。常用于导线穿过墙壁（或楼板）处的保护。

二、电子焊接材料

焊接常用于导线与导线、导线与电气设备之间的连接。焊接分熔焊和钎焊两类，电气工程中以钎焊为主。钎焊通常采用焊锡作为焊料，将焊锡加热熔化，利用焊锡浸润焊件并填充接头间隙，冷却后形成牢固接头。在进行钎焊时需用焊料和助焊剂。

1. 焊料

常用的焊料是锡铅合金焊条，俗称焊锡。它是以锡、铅金属为主要原料，加入少量的银，可以降低焊锡的熔点，并可提高导电性能。焊锡的熔点为185～256℃，具有良好的流动性、浸润性、抗氧化性能，焊点光滑导电性好、机械强度高。锡铅焊料可用于焊接铜、铜合金、钢铁、锌及镀锌铁皮等材料。常用的锡铅焊料有焊锡丝和焊条，如图4—7所示。

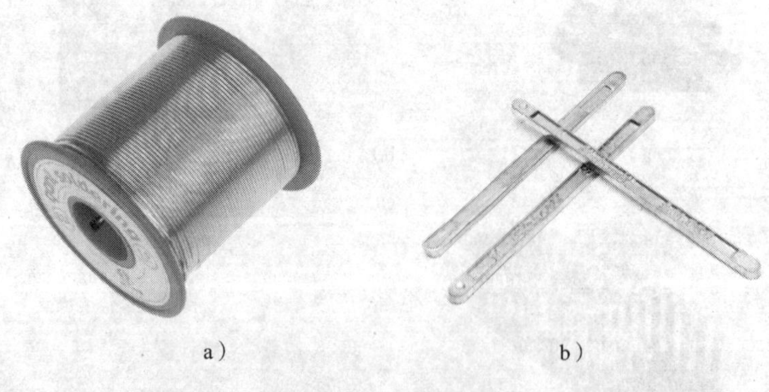

a）　　b）

图4—7　锡铅焊料

a）焊锡丝　b）焊条

2. 助焊剂

助焊剂的主要作用是除去金属表面的氧化物、油污，可净化焊件金属与熔融焊料的接触面，同时具有覆盖保护作用，防止焊接加热过程中焊料的氧化，并能降低熔化焊料的表面张力，使焊锡流动性好，焊点更加光滑圆润，保证焊接可靠。常用的锡焊助剂有氯化锌、松香、焊锡膏等。

松香如图 4—8 所示，没有腐蚀性，用于焊接铜件效果很好，特别是在焊接电子元件中广泛应用。长期高温加热会使松香变黑，失去活性。

焊锡膏如图 4—9 所示，用于焊接铜或铁件，焊锡膏中含有较强的酸性物质，焊好的焊点及周围，因焊锡膏残留物会很快氧化生锈，对导线和绝缘体都有腐蚀作用，所以不能用在对电子元件、变压器、电动机绕组等的焊接中。

图 4—8　松香

图 4—9　焊锡膏

3. 电烙铁

电烙铁是焊接工具，有外热式电烙铁和内热式电烙铁两种，如图 4—10 所示。

外热式电烙铁由烙铁头、烙铁芯、外壳、木柄、电源引线、插头等部分组成，烙铁头安装在烙铁芯里面。烙铁芯是用电热丝平行地绕制在一根空心瓷管上构成，中间用云母片绝缘，并引出两根导线与电源连接。常用的规格有 25 W、30 W、45 W、75 W、100 W 等多种。

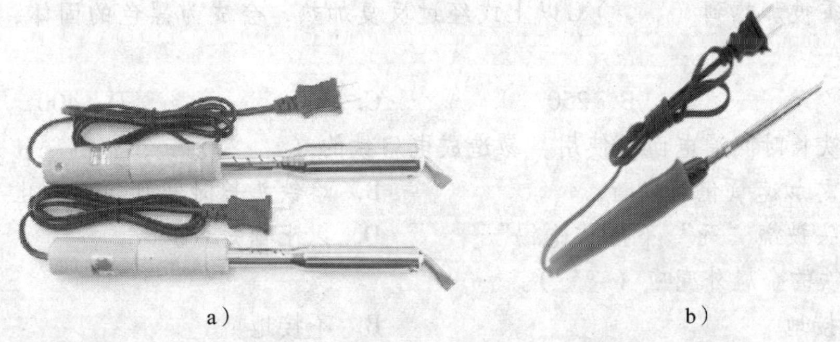

a）　　　　　　b）

图 4—10　电烙铁

a）外热式电烙铁　b）内热式电烙铁

内热式电烙铁的发热管安装在烙铁头的里面，常用的规格有 20 W、35 W、50 W 等几种，它的热效率高，20 W 内热式电烙铁就相当于 40 W 左右的外热式电烙铁。

电烙铁的烙铁芯是用镍铬电阻丝绕制，电烙铁的功率越大，烙铁头的温度也就越高，焊接中要根据焊接件的大小，选择合适功率的电烙铁。长期不用的电烙铁在使用前要检查绝缘性能是否良好，并对烙铁头上锡，在焊接中，特别是在电子元件的焊接中，电烙铁的外壳要可靠接地，保证用电安全。

课后练习

一、填空题

1. 线管与线槽用于保护其中的绝缘导线不受外界的________、________及________等。

2. 常用的线管与线槽有：有缝钢管、电线管、________、软聚氯乙烯管、________、________、________、瓷管等。

3. 锡焊助剂有氯化锌、________、________等。

4. 外热式电烙铁由________、________、________、木柄、电源引线、插头等部分组成。

二、选择题

1. (　　) 的松香不仅不能起到帮助焊接的作用，还会降低焊点的质量。

A. 炭化发黑　　B. 固体　　C. 液态　　D. 溶于酒精

2. PVC 线槽要安装牢固，保证横平竖直；固定支点间距一般不应大于 (　　)。

A. 4.0 ~ 4.5 m　　B. 3.0 ~ 3.5 m　　C. 2.0 ~ 2.5 m　　D. 1.0 ~ 1.5 m

3. 白铁管和电线管径可根据穿管导线的截面和根数选择，如果导线的截面积为 1.5 mm^2，穿导线的根数为两根，则线管规格为 (　　) mm。

A. 13　　B. 16　　C. 19　　D. 25

4. 白铁管和电线管径可根据穿管导线的截面和根数选择，如果导线的截面积为 2.5 mm^2，穿导线的根数为三根，则线管规格为 (　　) mm。

A. 13　　B. 16　　C. 19　　D. 25

5. 当松香被加热到 (　　)℃以上或经过反复加热，会成为黑色的固体，失去化学活性。

A. 200　　B. 250　　C. 300　　D. 400

6. 电烙铁长时间通电而不使用，易造成电烙铁的 (　　)。

A. 烙铁芯加速氧化而烧断　　B. 烙铁头长时间加热而氧化

C. 烙铁头被烧“死”不再“吃锡”　　D. 以上都是

7. 电烙铁的金属外壳应 (　　)。

A. 必须接地　　B. 不接地

C. 采用可靠绝缘　　D. 采用双重绝缘

8. 电烙铁的烙铁芯是将 (　　) 电阻丝缠绕在两层陶瓷管之间，再经过烧结制成的。

A. 铜　　B. 钢　　C. 铁　　D. 镍铬

9. 焊接电位器、较大功率电阻应选用 (　　) 电烙铁。

A. 35 ~ 50 W 内热式　　B. 60 W 内热式

C. 35 ~ 50 W 外热式　　D. 20 W 外热式

10. 焊锡配比为35%的锡、42%的铅、23%的铋的熔点温度为（　　）℃。

A. 150　　B. 200　　C. 180　　D. 240

11. 为使焊锡强度增大、熔点降低，可以掺入少量（　　）。

A. 铜　　B. 银　　C. 锌　　D. 铁

三、问答题

1. 怎样选择焊料？

2. 助焊剂有什么作用？

3. 怎样给新的电烙铁上锡？

第五章
安全知识

第一节 电工安全知识

学习目标

1. 掌握电工作业和电气安全知识。
2. 掌握触电的类型。

一、电工作业和电气安全知识

安全生产是指在生产过程中确保生产的产品及使用的工具、仪器、设备和人身的安全。安全用电是安全生产的重要内容，在用电过程中，必须特别注意电气安全，如果稍有麻痹或疏忽，就可能发生触电事故，或引起火灾与爆炸。

1. 安全电压

电流通过人体会对人体产生伤害，大于10 mA（50 Hz）的交流电流或大于50 mA的直流电流流过人体时，就会产生触电事故。我国规定的安全电压为36 V、24 V、12 V三种。安全电压仅仅是国家根据一般环境、大部分健康人群所规定的电压值，某些特定的环境、特殊的人群会有不同的安全电压值，如在金属容器、隧道、矿井内等工作场合，应采用24 V或12 V的安全电压，以防止因触电而造成的人身伤害。

2. 安全用电常识

安全用电的知识很多，下面针对日常生活中容易忽视的问题，提出安全用电的要求。

（1）合理选择与使用电器，导线线径、开关容量、各种低压电器的电压（电流）等级要满足用电设备的要求。

（2）不要在一个插座上接入过多电器，所有电器的最大功率之和不超过插座的额定功率。

（3）有金属外壳和有接地要求的电器，要可靠接地，如电饭锅、电冰箱、微波炉等家用电器，示波器、控制柜等工业设备等。

（4）按照规定选用熔断器，不得用大容量熔断器代替小容量熔断器，更不能用铜线直接代替熔断器。

（5）照明电路中开关必须接在火线上。

（6）不要用直接拖拽电线的方法移动用电设备。

(7) 塑料绝缘导线不要直接埋在墙内。

(8) 合理安装漏电保护器。

(9) 禁止使用“一线一地”的方法用电。

(10) 严格遵守各种用电规程。

二、触电的类型

1. 单相触电

这是常见的触电类型。人体的某一部分接触带电体的同时，另一部分又与大地或中性线相接，电流从带电体流经人体到大地（或中性线）形成回路，如图 5—1 所示，当电路中有漏电保护器时，这种触电可以触发漏电保护器动作。

2. 两相触电

人体的不同部分同时接触两相电源时造成的触电称为两相触电，如图 5—2 所示。这种情况下，无论电网中性点是否接地，人体所承受的线电压将比单相触电时高。如果人穿了绝缘鞋或站在绝缘物体上，将不能触发漏电保护器动作，十分危险。

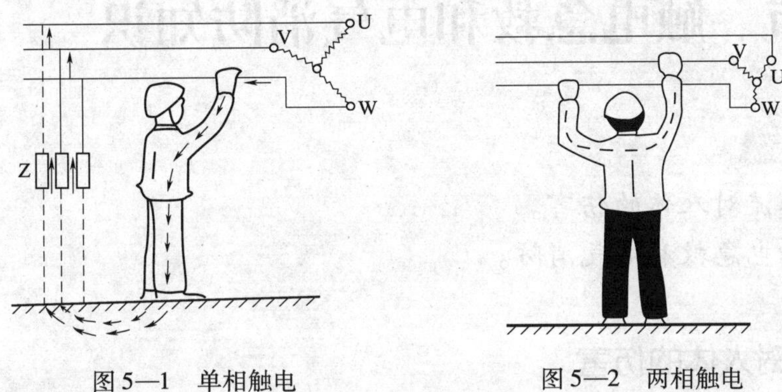

图 5—1 单相触电

图 5—2 两相触电

3. 跨步电压触电

当电力线（特别是高压线）断落到地面时，会在导线落地点周围形成强电场。当人畜跨进这个区域，两脚之间出现的电位差称为跨步电压，如图 5—3 所示。跨步电压的大小取决于人体站立点与接地点的距离，以及人两脚的距离，离电线的落地点距离越小，两脚之间的距离越大，其跨步电压越大。

图 5—3 跨步电压触电

课后练习

一、填空题

1. 安全生产是指在生产过程中确保生产的产品、__________、__________、设备和__________的安全。

2. 触电的类型有：________、________、________三种。

3. 按照规定选用熔断器，不得用______________代替小容量熔断器，更不能用________直接代替熔断器。

二、问答题

1. 什么是安全电压？安全电压有哪些等级？

2. 在日常生活中怎样做到安全用电？

3. 什么是跨步电压？

第二节 触电急救和电气消防知识

学习目标

1. 熟悉电流对人体的伤害。

2. 掌握触电急救和电气消防。

一、电流对人体的伤害

1. 电击

电击是指电流通过人体内部，对人体内脏及神经系统造成损坏，直至死亡。根据一般经验，如果有大于 10 mA 频率为 50 Hz 的交流电流或大于 50 mA 的直流电流流过人体时，就有可能危及生命。

2. 电伤

电伤是指电流对人体外部表皮造成的局部性伤害。它是由于电流的热效应、化学效应、机械效应以及电流本身作用，使人体皮肤局部受到灼伤、烙伤，严重的也能致人身亡。在触电事故中，往往是电击与电伤同时发生。

二、触电急救

触电急救的要点是动作迅速、救护得法，切不可惊慌失措、束手无策。

1. 脱离电源

人触电以后，可能由于痉挛或失去知觉等原因而紧抓带电体，不能自行摆脱电源。这时，使触电者尽快脱离电源是救活触电者的首要因素。如果触电地点附近有电源开关或插头，可立即断开开关或拔掉电源插头。当电源开关远离触电地点，可用有绝缘柄的电工钳或干燥木柄的斧头分相切断电线。电线搭落在触电者身上或被压在身下时，可用干燥的衣服、手套、绳索、木板、木棒等绝缘物作为工具，拉开触电者或挑开电线。

当发生高压触电事故时，可以立即通知有关部门停电，戴上绝缘手套，穿上绝缘靴，用相应电压等级的绝缘工具断开开关，抛掷裸金属线使线路短路接地，迫使保护装置动作，断开电源。高压触电相当危险，解救也相对困难，要求施救者有较强的专业知识和专业技能。

2. 现场急救方法

当触电者脱离电源后，应立刻对触电情况进行判断，根据触电者的具体情况，迅速地对症进行救护。当触电者心脏停止跳动时，要进行胸外心脏挤压；当触电者呼吸停止时，要进行人工呼吸；当心脏和呼吸都停止时，要同时进行人工呼吸和胸外心脏挤压。

胸外心脏挤压是抢救者借身体重量向下用力挤压，压下 3 ~ 4 cm，然后突然松开，挤压和放松动作要有节奏，每秒钟进行一次，每分钟宜挤压 60 次左右。

人工呼吸的方法是：急救者蹲于患者一侧，一手捏住患者鼻孔，将患者口腔张开，放上纱布，急救者先深吸一口气，对准患者口腔用力吹入，然后迅速抬头，并同时松手，听有无回声，如有则表示气道通畅。如此反复进行，每分钟 14 ~ 16 次，直到自动呼吸恢复。

触电者呼吸和心跳都停止时，允许同时采用“口对口人工呼吸法”和“胸外心脏挤压法”。单人救护时，可先吹气 2 ~ 3 次，再挤压 10 ~ 15 次，交替进行。双人救护时，每 5 s 吹气一次，每秒钟挤压一次，两人同时进行操作。

三、电气消防

1. 电气火灾

防火防爆在火力发电厂、变电站显得尤其重要，发电消耗的煤或原油、天然气、电气设备的绝缘油都是易燃物，控制不好会引起煤粉自燃着火，煤粉爆炸，变压器、断路器火火等，其后果非常严重，从国内外重人事故分析发现，火灾所占比例相当人，一旦发生火灾事故，往往造成发电设备严重损坏、人员伤亡，修复时间较长，经济损失巨大。所以发电厂、变电站的每一位职工，都必须懂得火灾事故的严重性和防火工作的重要性，认真学习消防知识，正确熟练地使用消防器材。

2. 电气灭火常识

当发生电气火灾时，首先要迅速切断电源，严禁使用泼水灭火法，常用的灭火器材有：黄沙、氮气、二氧化碳、四氯化碳、1211 干粉灭火剂等。

课后练习

一、填空题

1. 电流对人体的伤害有：________、________两类。
2. 触电急救的方法有：____________和 __________挤压。

3. 电气灭火器材有：________、________、________、________、________等。

二、问答题

1. 什么是电击？什么是电伤？

2. 发现有人触电应该怎样施救？

第三节　电气安全装置和安全用具

学习目标

1. 了解屏护、间距和安全标志。
2. 掌握绝缘防护、漏电保护装置的正确使用。
3. 掌握电工安全用具的使用。

一、屏护、间距和安全标志

1. 屏护

屏护是指采用栅栏（见图 5—4）、护罩、护盖等把危险的带电体同外界隔离开来的保护措施。屏护装置不直接与带电体接触，对所用材料的电气性能无严格要求，但应有足够的机械强度和良好的耐火及抗腐蚀性能。屏护装置分为永久性屏护和临时性屏护装置。

图 5—4　栅栏

2. 间距

间距是指带电体与地面之间、带电体与其他设备和设施之间、带电体与带电体之间必要的安全距离。间距的作用是防止触电、火灾、过电压放电及各种短路事故。其距离的大小取决于电压高低、设备类型、安装方式和周围环境等。

架空电力线路保护区，各级电压导线边线，在计算导线最大风偏情况下，距建筑物的水平安全距离为：1 kV 以下 1.0 m、1 ~ 10 kV 1.5 m、35 kV 3.0 m、66 ~ 110 kV 4.0 m、154 ~ 220 kV 5.0 m、330 kV 6.0 m、500 kV 8.5 m。

3. 安全标志

安全标志是指在有触电危险的场所或容易产生误解、误操作的地方，以及存在不安全因素的现场，设置的文字或图形标志。安全标志可以提醒人们识别、警惕危险因素，防止人们偶然触及或过分接近带电体而触电，是保证安全用电的一项重要防护措施。

安全标志有：禁止标志（图形黑色、背景白色）、警告标志（图形黑色、背景黄色）、指示标志（图形白色、背景蓝色）、提示标志（图形白色、背景绿色）、安全标志牌等。各种安全标志的底色和图形符号有具体的规定，如图 5—5 所示为安全标志的实例图。

图 5—5　安全标志实例

二、绝缘防护

绝缘防护是最普通、最基本，也是应用最广泛的安全防护措施之一。使用绝缘材料将带电导体封护或隔离起来称为绝缘防护，可防止人身触电事故的发生。常用的绝缘防护材料有：变压器的油绝缘、敷设线路的绝缘子、塑料管、绝缘胶布等。

三、漏电保护装置

漏电保护装置是一种减轻触电伤害程度的保护措施，当发生触电事故或漏电时，起切断电源的作用。漏电保护器一般只对相线对地漏电起保护作用。即使有漏电保护器的存在，当发生触电时，由于漏电保护器有一定的工作时间（漏电小于 30 mA，为 0.1 s），受害者依然有强烈的电击感觉，所以不能因为有了漏电保护器，就忽视了安全用电的规范。常用的漏电保护装置如图 5—6 所示。

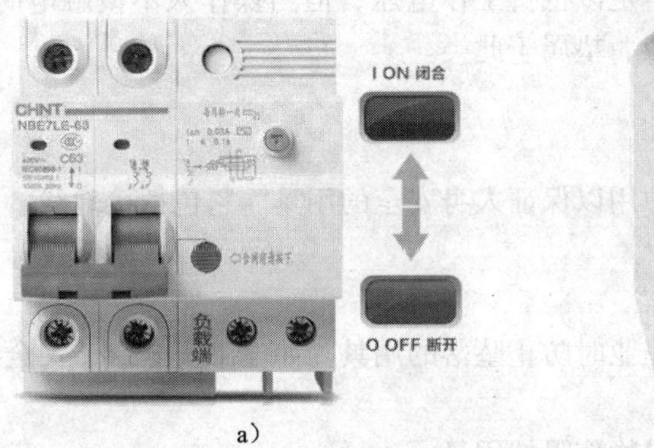

a）　　b）

图 5—6　漏电保护装置

a）漏电保护开关　b）漏电保护插头

漏电保护器在使用中要注意以下事项。

1. 应根据系统的保护方式、使用目的、安装场所、电压等级、被控制回路的漏电电流等因素来确定漏电保护器的型号。

2. 漏电保护开关投入运行后，在通电状态下，每月须按动试验按钮 1 ~ 2 次，检查漏电保护开关动作是否正常、可靠。

3. 定期分析漏电保护开关的跳闸原因，及时更换有故障的漏电保护开关。

4. 漏电保护开关的维修应由专业人员进行，运行中遇有异常现象应找电工处理，以免扩大事故范围。

5. 漏电保护开关动作后，经检查未发现事故原因时，允许试合闸一次，如果再次跳闸，应查明原因，不得连续强行送电。

6. 漏电保护开关的动作特性由制造厂整定，按产品说明书使用，使用中不得随意改动。

7. 在漏电保护开关的保护范围内发生意外电击伤亡事故后，应检查漏电保护开关的动作情况，分析未能起到保护作用的原因，在未调查前应保护好现场，不得拆动漏电保护开关。

8. 使用的漏电保护开关，除按漏电保护特性进行定期试验外，对断路器部分应按低压电器有关要求定期检查维护。

四、电工安全用具

电工安全用具是保证电工安全作业的有效工具，安全用具必须保证良好的性能，否则稍有疏忽，就会发生事故。安全用具分为电工工作安全用具与机械工作安全用具，其中电工工作安全用具又分为绝缘安全用具与一般防护安全用具。

1. 绝缘安全用具

(1) 基本绝缘安全用具

它是指用具本身的绝缘足以抵御工作电压的用具。对低压带电作业而言，带有绝缘柄的工具、绝缘手套属于此类，如高压绝缘棒、高压验电器、绝缘钳、绝缘断线钳等。

(2) 辅助绝缘安全用具

它是指用具本身的绝缘不足以抵御工作电压，但当操作人不慎触电时，可减轻危险的一类用具。如绝缘靴、鞋、台、垫属于此类。

2. 一般防护用具

(1) 检修安全用具

它是指在停电检修作业中用以保证人身安全的用具。它包括接地线、安全帽、标示牌、临时遮栏等。

(2) 登高安全用具

它是指用以保证在高处作业时防止坠落的用具。如电工安全带、安全绳等。

(3) 护目镜

它是指防止电弧或其他异物伤眼的用具。

课后练习

一、填空题

1. 安全标志有：________、________、________、________、________。

2. 常用的绝缘防护材料有：________、________、________、绝缘胶布等。

二、选择题

1. 安装漏电保护器后，（　）撤掉低压供电线路和电气设备的接地保护措施。

A. 允许　　B. 通常　　C. 必须　　D. 不得

2. 漏电保护器负载侧的中性线（　）与其他回路共用。

A. 允许　　B. 不得　　C. 必须　　D. 通常

3. 漏电保护器在一般环境下选择的动作电流不超过30 mA，动作时间不超过（　）s。

A. 1　　B. 2　　C. 0.1　　D. 0.5

4. 警告标志的（　）。

A. 图形黑色、背景白色　　B. 图形黑色、背景黄色

C. 图形白色、背景蓝色　　D. 图形白色、背景绿色

三、问答题

漏电保护器在使用中要注意哪些事项?

第四节　接地知识

学习目标

1. 了解接地装置，并会选择接地体。

2. 掌握保护接地和保护接零的连接方法和应用场合。

一、接地装置

接地体和接地线称为接地装置。电气设备的接地装置应当具有合格的接地电阻，否则接地装置不能发挥保护作用。接地体有自然接地体和人工接地体两种。

1. 自然接地体

自然接地体是指本身不是专门用于接地装置的物体，如埋设在地下的金属管道（煤气、天然气等易燃易爆的管道除外）、金属井管，与大地有可靠连接的建筑物的金属结构地基、桩等自然导体均可用作自然接地体。

2. 人工接地体

人工接地体可采用钢管、角钢、圆钢或废钢铁等材料直接垂直打入地下制成，一般接地体用3根，间距5 m。变电所要采用复合接地体，即接地网的形式。

接地电阻的规定值是小于4～10 Ω，当阻值不能达到要求时，可将接地体引至附近的水沟、河边等土壤电阻率较低的地方，也可以通过深埋法增加接地体与土壤的接触面积，还可以通过化学处理等方法来减小接地电阻。

二、保护接地和保护接零

以保护人身安全为目的，把电气设备不带电的金属外壳接地或接零，叫做保护接地及保护接零。

1. 保护接地

在中性点不接地的三相电源系统中，当接到这个系统上的某电气设备因绝缘损坏而使

外壳带电时，如果人站在地上用手触及外壳，由于输电线与地之间有分布电容存在，将有电流通过人体及分布电容回到电源，使人触电，一般情况下这个电流是不大的。但是，如果电网分布很广，或者电网绝缘强度显著下降，这个电流可能达到危险程度，这就必须采取安全措施。

保护接地就是把电气设备的金属外壳用足够粗的金属导线与大地可靠地连接起来。电气设备采用保护接地措施后，设备外壳已通过导线与大地有良好的接触，则当人体触及带电的外壳时，人体相当于接地电阻的一条并联支路。由于人体电阻远远大于接地电阻，所以通过人体的电流很小，避免了触电事故。

2. 保护接零

所谓保护接零（又称接零保护）就是在中性点接地的系统中，将电气设备在正常情况下不带电的金属部分与零线作良好的金属连接。当某一相绝缘损坏使相线碰壳，外壳带电时，由于外壳采用了保护接零措施，因此该相线和零线构成回路，单相短路电流很大，足以使线路上的保护装置（如熔断器）迅速熔断，将漏电设备与电源断开，从而避免人身触电的可能性。

在三相四线制配电系统中，要区分工作接零和保护接零，工作接零用 N 表示，保护接零用 PE 表示。

课后练习

一、填空题

1. ________和________称为接地装置。

2. 自然接地体有：________、________，与大地有可靠连接的建筑物的________、________等。

二、选择题

1. 保护接地的主要作用是（　　）和减少流经人身的电流。

A. 防止人身触电　　B. 减少接地电流

C. 降低接地电压　　D. 短路保护

2. 保护接地与保护接零（　　）互换。

A. 适合　　B. 有时　　C. 不能　　D. 可以

3. 保护接地与保护接零的线路结构（　　）。

A. 相同　　B. 不同　　C. 一样　　D. 类似

4. 接地保护的原理是限制漏电设备的（　　）。

A. 相电压　　B. 对地电压　　C. 工作电压　　D. 线电压

5. 接地保护适用于电源变压器二次侧（　　）不接地的场合。

A. 中性点　　B. 相线　　C. 零线　　D. 外壳

6. 接地体制作完成后，应将接地体垂直打入土壤中，至少打入（　　）接地体，接地体之间相距 5 m。

A. 2 根　　B. 3 根　　C. 4 根　　D. 5 根

7. 接地体制作完成后，应将接地体垂直打入土壤中，至少打入3根接地体，接地体之间相距（　　）。

A. 5 m　　B. 6 m　　C. 8 m　　D. 10 m

8. 在高土壤电阻率地区，可采用外引接地法、接地体延长法、深埋法等来降低（　　）电阻。

A. 绝缘　　B. 并联　　C. 串联　　D. 接地

9. 在接零保护系统中，任何时候都应保证工作零线与保护零线的（　　）。

A. 绝缘　　B. 畅通　　C. 隔离　　D. 靠近

三、问答题

1. 什么是保护接零?

2. 什么是保护接地?

第五节　电气作业操作规程和安全措施

学习目标

1. 熟悉电气安全作业制度。

2. 熟悉电工安全作业制度。

一、电气安全作业制度

1. 工作票制度

工作票是准许在电气设备或线路上工作的书面命令，是明确安全职责、向作业人员进行安全交底、履行工作许可手续、实施安全技术措施的书面依据。

工作票依据作业的性质和范围不同，分为停电作业和带电作业两类。

工作负责人可以填写工作票，由生产领导人、技术人员或经主管生产领导批准的人员，担任工作票签发人，工作票要用钢笔或圆珠笔填写，一式两份，应正确清楚，不得任意涂改。

工作负责人和允许办理工作票的值班员（工作许可人）应由主管生产的领导当面批准。工作许可人不得签发工作票。

2. 工作许可制度

为了进一步确保电气作业的安全进行，完善保证安全的组织措施，规定未经工作许可人（值班员）允许不准执行工作票。

(1) 工作许可手续

工作许可人（值班员）认定工作票中安全措施栏内所填的内容正确无误、内容完善后，去施工现场具体检测，同工作负责人在现场，再次检查所做的安全措施是否到位，待修设备确已断电，同时向工作负责人指明带电设备的位置及工作中的注意事项。工作负责人明确后，工作负责人和工作许可人在工作票上分别签名。

（2）工作许可应注意的事项

线路停电检修，必须将可能受电的各方面都拉闸停电，并挂好接地线，将工作班（组）数目、工作负责人姓名、工作地点和工作任务记在记录簿内。许可开始工作的通知必须当面通知、电话传达或派人传达，严禁约时停、送电。

3. 工作监护制度

执行工作监护制度的目的是使工作人员在工作过程中受到监护人一定的指导和监督，以及时纠正不安全的操作和其他的危险误动作，特别是在靠近有电部位工作及工作转移时，监护工作更为重要。

（1）监护人

工作负责人同时又是监护人。根据现场的安全条件、施工范围、工作需要等具体情况，工作票签发人或工作负责人可增设专人进行监护工作，并指令被监护的人数。专职监护人不得兼做其他工作。

（2）执行监护

完成工作许可手续后，工作负责人（监护人）应向工作班人员交代现场的安全措施、带电部位和其他注意事项。工作负责人（监护人）必须始终在工作现场，对工作班人员的安全认真监护，及时纠正违反安全的动作，防止意外情况的发生。

4. 工作间断、转移和终结制度

工作间断制度是指当日工作因故暂停时，如何执行工作许可手续、采取哪些安全措施的制度。转移制度是指工作地点转移时，工作负责人应采取哪些安全措施的制度。工作终结制度是指工作结束时，工作负责人、工作班人员及值班员应完成哪些规定的工作内容之后，工作票方告终结的制度。

二、电工安全作业制度

1. 停电作业的安全规定

停电作业是指在电气设备或线路不带电的情况下所进行的电气检修工作。停电作业分为全停电作业和部分停电作业。在已投入运行的变电所中，或在其附近的电气设备上工作或是停电作业，应严格执行《电业安全工作规程》，履行停电工作票制度。无论全停电还是部分停电作业，为保证人身安全都必须执行停电、验电、装挂接地线、悬挂标志牌和装设遮栏四项安全技术措施后，方可进行停电作业。

2. 低压带电作业的安全规定

低压带电作业是指电压在 250 V 及以下设备或低压线路上的工作。对于一些可以不停电的工作、没有偶然触及带电部分的危险工作等均可进行低压带电作业。在低压设备上带电作业，应遵守下列规定。

（1）在带电的低压设备上工作，应使用有绝缘柄的工具。

（2）在带电的低压设备上工作时，作业人员应穿长袖工作服，并戴手套和安全帽。

（3）在带电的低压盘上工作时，应采取防止相间短路和单相接地短路的绝缘隔离措施。

(4) 严禁雷、雨、雪天气及六级以上大风天气在户外带电作业。

(5) 在潮湿和潮气过大的室内，禁止带电作业；工作位置过于狭窄时，禁止带电作业。

(6) 低压带电作业时，必须有专人监护。

课后练习

一、填空题

1. 电气安全作业制度有：________、________、________、________、转移和终结制度。

2. 工作票是准许在电气设备或线路上工作的________，是明确________、向作业人员进行__________、____________、__________的书面依据。

二、问答题

1. 电气安全作业制度有哪些?

2. 在低压带电作业时有哪些安全规定?

第六章
钳工基础知识

第一节　划线和锯割基础知识

1．掌握钳工划线的基础知识。
2．掌握钳工锯割的基础知识。

一、钳工划线

1．划线的概念

根据图样或实物的尺寸，在工件表面上划出加工界线，这项操作叫做划线。划线有平面划线和立体划线两种，只需在一个平面上划线就能明确表示出工件的加工界线的划线，叫做平面划线。要同时在工件上几个不同方向的表面上划线，才能明确加工界线的划线，叫做立体划线。

2．划线的作用

通过划线可以明确加工界线，确定工件上各加工面的加工位置，合理分配加工余量，使切削加工有明确的尺寸界线标志。划线还可全面检查毛坯的形状和尺寸是否符合图样要求，及时剔除或补救处理不合格毛坯，避免加工后造成损失。

3．划线的常用工具及用途

（1）钢皮尺：用来量取尺寸，如图 6—1 所示。

（2）划针：钢质，用来划线，如图 6—2 所示。

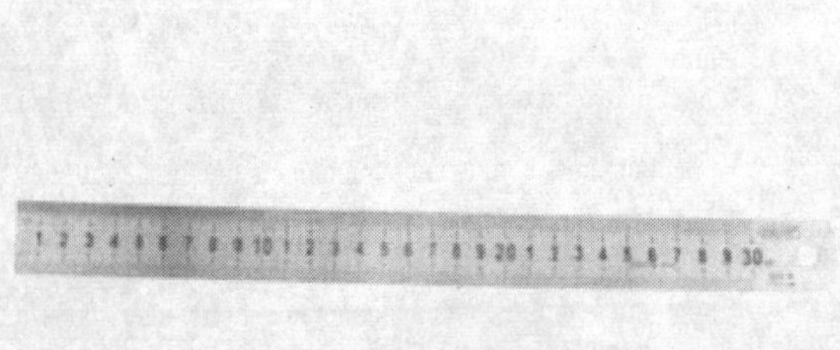

图 6—1　钢皮尺

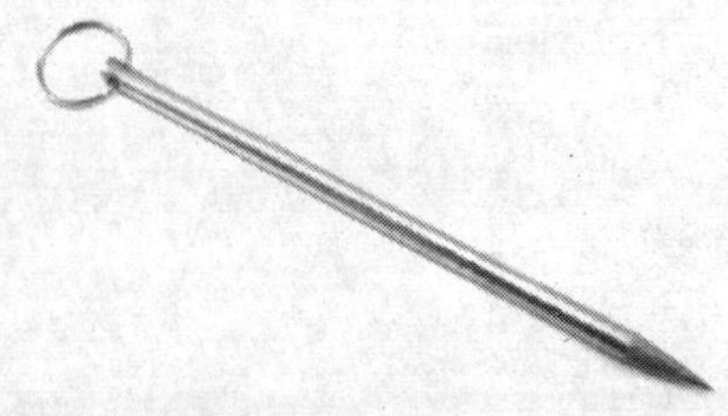

图 6—2　划针

（3）样冲（又名中心冲）：用来在加工线条上做冲眼标记，也用作划圆弧或钻孔时定中心用，如图 6—3 所示。

图 6—3　样冲

（4）圆规（又名活动分规）：用于划圆弧、分角度和量取尺寸等，如图 6—4 所示。

（5）游标高度划线尺：由高度尺和划针盘组成，根据游标卡尺刻线原理来确定高度，用它的划线脚来划线，如图 6—5 所示。

（6）角尺：划线时，可划垂直线或平行线，如图 6—6 所示。

（7）V 形铁：它主要是用来安放圆形工件，让其固定，以方便划线，如图 6—7 所示。

（8）划线平台（又称划线平板）：表面平整，用来安放工件和划线工具，如图 6—8 所示。

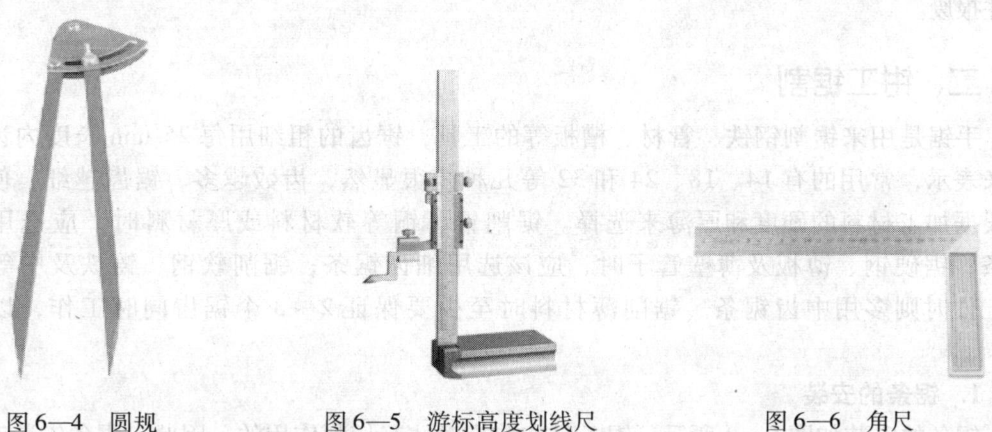
图 6—4　圆规　　图 6—5　游标高度划线尺　　图 6—6　角尺

图 6—7　V 形铁

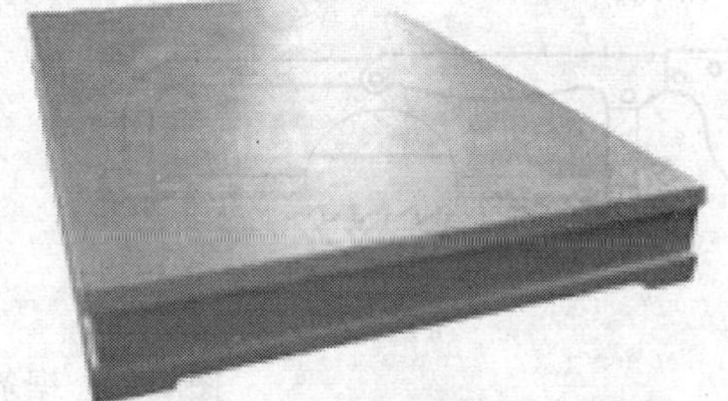
图 6—8　划线平台

4. 划线步骤

（1）认真读图，分清哪些是图形轮廓线，哪些是尺寸标注线。

（2）清理板料，在划线表面需涂上一层薄而均匀的涂料，毛坯面用大白浆或粉笔；已加工面用紫色涂料（龙胆紫加虫胶和酒精）或绿色涂料（孔雀绿加虫胶和酒精）。

（3）确定划线基准，一个工件有很多线条要划，究竟从哪一根线开始，通常要遵守一个规则，即从基准开始。基准就是零件上用来确定其他点、线、面位置的依据。基准线一般有三种类型：一是以两条互相垂直的平面（或线）为基准；二是以两条互相垂直的中心线为基准；三是以一个平面和一条中心线为基准。

5. 划线注意事项

当工件上有两个以下的不加工表面时，应选择其中面积较大、较重要的或外观质量要求较高的为主要找正依据，并兼顾其他较次要的不加工表面，使划线后加工表面与不加工表面之间的尺寸，如壁厚、凸台的高低等都尽量均匀和符合要求，而把无法弥补的误差，反映到较次要的或不醒目的部位上去。

当毛坯上没有不加工表面时，通过对各加工表面自身位置的找正后再划线，可使各加工表面的加工余量得到合理和均匀的分布，而不致出现过于悬殊的状况。由于毛坯各表面的误差和工件结构形状不同，划线时的找正要按工件的实际情况进行。

划线是加工的依据，所划出的线条要求尺寸准确，线条清晰。在立体划线中还应注意使长、宽、高三个方向的线条互相垂直。当划线发生错误或准确度太低时，都有可能造成工件报废。

二、钳工锯割

手锯是用来锯割钢铁、管材、槽板等的工具，锯齿的粗细用每 25 mm 长度内齿的个数来表示，常用的有 14、18、24 和 32 等几种，很显然，齿数越多，锯齿越细。使用中应根据加工材料的硬度和厚薄来选择。锯削铝、铜等软材料或厚材料时，应选用粗齿锯条；锯硬钢、薄板及薄壁管子时，应该选用细齿锯条；锯削软钢、铸铁及中等硬度的工件时则多用中齿锯条。锯削薄材料时至少要保证 2 ~ 3 个锯齿同时工作，以防崩齿。

1. 锯条的安装

锯条的安装如图 6—9 所示，锯条是在前推时才起切削作用的，因此，锯条安装时应使齿尖的方向朝前，如图 6—9a 所示。如果装反，则不能正常锯削，如图 6—9b 所示。

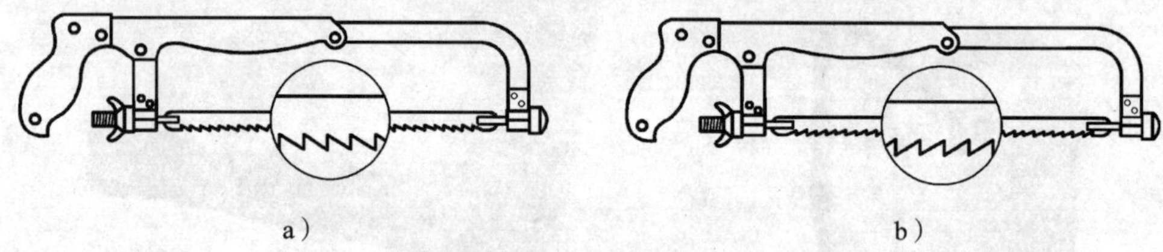

图 6—9　锯条的安装

a）锯条正确安装　b）锯条错误安装

锯条的松紧程度要适当。锯条装得太紧，会使锯条受张力太大，失去弹性，以至于在工作时稍有弯曲或卡阻时就折断。如果装得太松，又会使锯条在工作时左右扭曲摆动，同样容易折断，且锯缝易发生歪斜，影响精度。调节好的锯条应与锯弓在同一中心平面内，以保证锯缝正直，防止锯条折断。

2. 工件的夹持

工件一般被夹持在台虎钳的左侧，以便于操作。工件的伸出端应尽量短，工件的锯削线应尽量靠近钳口，从而防止工件在锯削过程中产生振动。工件要夹牢，以防止锯条折断。对于薄壁管子及已加工好的表面，要防止夹紧力大引起工件变形，有时还要用紫铜板保护好。

3. 锯削方法

锯弓的握法如图 6—10 所示，右手满握锯柄，左手轻扶在锯弓前端。

起锯是锯削工作的开始，起锯质量的好坏，直接影响锯削质量。起锯有远起锯（见图 6—11a）和近起锯（见图 6—11b）两种。起锯时，左手拇指靠住锯条，使锯条准备地锯在需要的位置上，起锯时行程要短，压力要小，速度要慢。

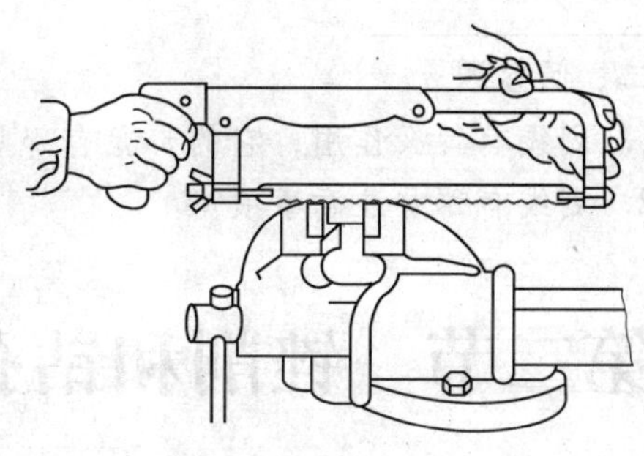

图 6—10　锯弓的握法

4. 锯削操作要领

在锯削时，推出时施加压力，返回时不加压力作自然拉回，锯削运动一般采用小幅度的上下摆动式运动，锯削运动的速度一般为 20 ~ 40 次/min。

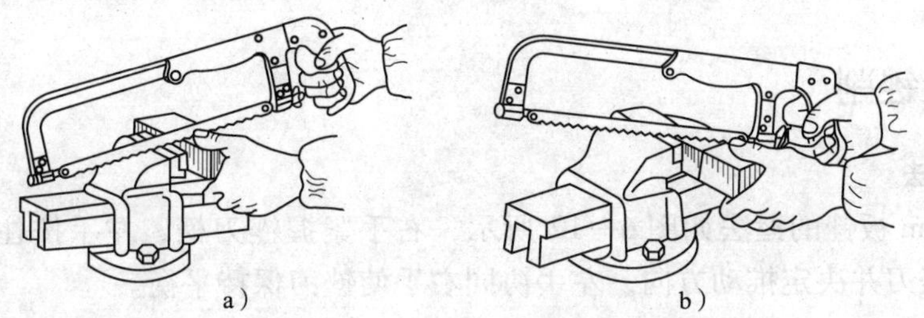

a）　　b）

图 6—11　起锯的方法

a）远起锯　b）近起锯

5. 棒料和薄板料的锯削

（1）棒料的锯削

如果锯削的断面要求平整，则应从开始连续锯削直到结束，若锯削的断面要求不高，可分几个方向锯下，这样可提高工作效率，在锯削临近结束的时候，要放慢速度，减小力度，用左手扶持工件，以防工件掉落。

（2）薄板料的锯削

锯削时尽可能地从宽面上锯下去，当只能在板料的狭面上锯下去时，可用两块木板夹持，增加板料的刚度，在锯削时连着木板一起锯削，这样可有效防止锯条崩齿，并可以提高锯削准确度。

课后练习

一、填空题

1. 钳工划线要求＿＿＿＿＿＿、＿＿＿＿＿＿。

2. 钳工划线工具有：＿＿＿＿＿＿、＿＿＿＿＿＿、＿＿＿＿＿＿、＿＿＿＿＿＿、＿＿＿＿＿＿等。

3. 锯削铝、铜等软材料或厚材料时，应选用＿＿＿＿＿＿；锯削硬钢、薄板及薄壁管子时，应该选用＿＿＿＿＿＿；锯削软钢、铸铁及中等硬度的工件时则多用________________。

二、问答题

1. 划线有什么作用，它的步骤有哪些？

2. 划线有哪些注意事项？

第二节　锉削和钻孔基础知识

学习目标

1. 掌握锉削基础知识。
2. 掌握钳工钻孔基础知识。

一、钳工锉削

1. 锉刀握法

大于250 mm板锉的握法如图6—12所示，右手紧握锉刀柄，左手按住锉刀前端。锉削时右手推动锉刀并决定推动方向，左手协同右手使锉刀保持平衡。

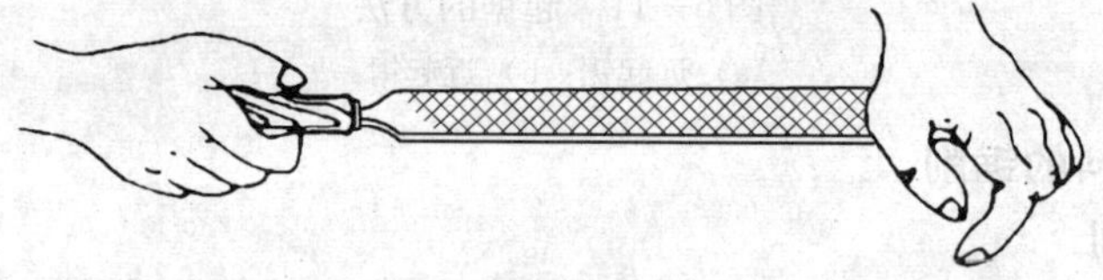

图6—12　锉刀的握法

2. 锉削姿势

锉削时的姿势动作如图6—13所示，两手握住锉刀，左臂弯曲，锉削时，身体先于锉刀与之一起向前，右脚伸直并稍向前倾，重心在左脚，左膝部呈弯曲状态。当锉刀锉至约3/4行程时，身体停止向前，两臂则继续将锉刀向前锉到头，同时，左脚自然伸直并随着锉削时的反作用力，将身体重心后移恢复原位，并顺势将锉刀收回，速度在40次/min左右。

图6—13　锉削的姿势

3. 平面的锉削方法

顺向锉（见图6—14a）是指锉刀运动方向与工件的夹持方向始终一致，是一种基本锉法。交叉锉（见图6—14b）是指锉刀运动方向与工件夹持方向成50°~60°角，且锉纹线交叉。由于锉刀工件的接触面大，锉刀容易掌握平稳，同时，从锉痕上可以判断出锉削面的高低情况，便于不断地修正锉削部位。交叉锉法一般用于粗锉，精锉时必须采用顺向锉，使锉痕变直，纹理一致。

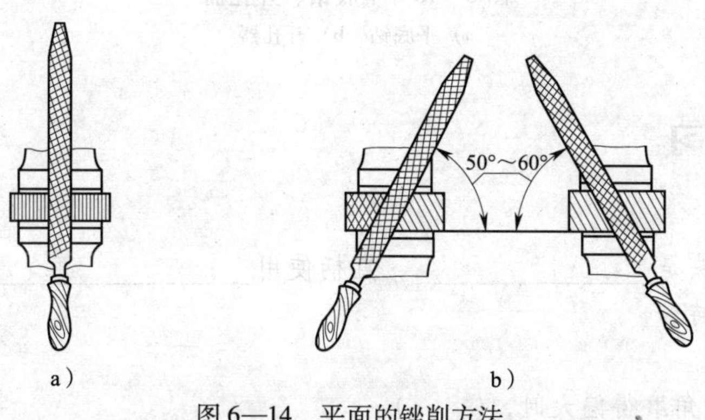

图6—14 平面的锉削方法
a）顺向锉 b）交叉锉

二、钳工钻孔

1. 钻头

钻孔的主要工具是麻花钻，麻花钻有直柄式和锥柄式两种，如图6—15所示。一般钻头直径小于13 mm的制成直柄，如图6—15a所示；大于13 mm的制成锥柄，如图6—15b所示。

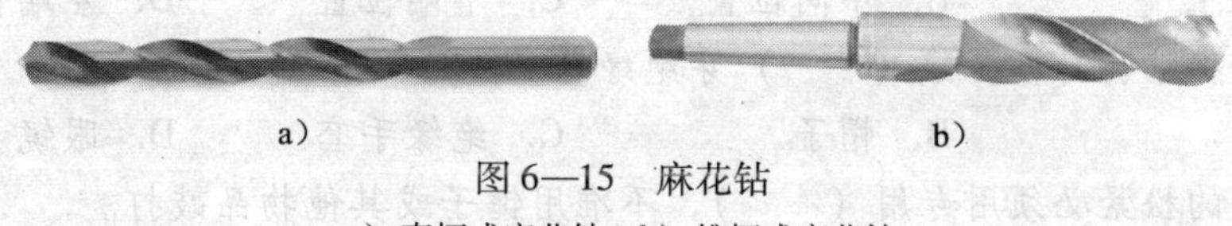

图6—15 麻花钻
a）直柄式麻花钻 b）锥柄式麻花钻

在电工中，经常需要对薄板进行钻孔，如：在电气安装柜上安装按钮、指示灯等零件，这就要在薄板上钻直径较大的孔，为了保证所钻的孔边缘平整，尺寸精度高，则需要使用平底钻或开孔器。平底钻和开孔器实物如图6—16所示。

2. 钻孔方法

按钻孔的位置尺寸要求，划出孔位的十字中心线，打上中心样冲，用钻头对准钻孔中心钻出一浅坑，观察钻孔位置是否正确，并要不断校正，使浅坑与划线圆同轴，当起钻达到钻孔的准确位置时，即可继续完成钻孔。

3. 钻孔注意事项

严格遵守钻床操作规程，严禁戴手套操作，钻孔过程中需要检测时，必须先停车后检测。钻孔时平口钳的手柄端（活动钳身）应放置在钻床工作台的左向，以防转矩过大造成平口钳落地伤人。

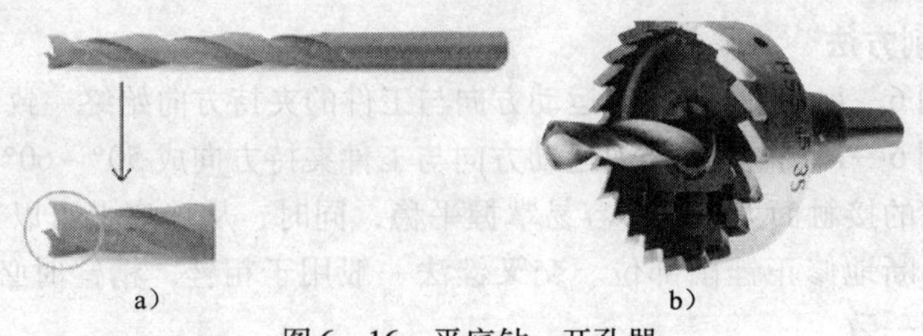

a） b）

图6—16 平底钻、开孔器

a）平底钻 b）开孔器

课后练习

一、填空题

钻孔常用的钻头是________________，直柄使用___________________夹持，锥柄使用______________夹持。

二、选择题

1. 当麻花钻后角磨得偏大时，（ ）。

A. 横刃斜角减小，横刃长度增大 B. 横刃斜角增大，横刃长度减小

C. 横刃斜角和长度都减小 D. 横刃斜角和长度不变

2. 钻夹头用来装夹直径（ ）以下的钻头。

A. 10 mm B. 11 mm C. 12 mm D. 13 mm

3. 锉刀很脆，（ ）当撬棒或锤子使用。

A. 可以 B. 许可 C. 能 D. 不能

4. 工件尽量夹在钳口（ ）。

A. 上端位置 B. 中间位置 C. 下端位置 D. 左端位置

5. 用手电钻钻孔时，要戴（ ）穿绝缘鞋。

A. 口罩 B. 帽子 C. 绝缘手套 D. 眼镜

6. 钻夹头的松紧必须用专用（ ），不准用锤子或其他物品敲打。

A. 工具 B. 扳子 C. 钳子 D. 钥匙

7. 台钻是一种小型钻床，用来钻直径（ ）以下的孔。

A. 10 mm B. 11 mm C. 12 mm D. 13 mm

三、判断题

1. 锉刀很脆，可以当撬棒或锤子使用。（ ）

2. 当锉刀拉回时，应稍微抬起，以免磨钝锉齿或划伤工件表面。（ ）

3. 要锉出平直的平面，必须使锉刀保持倾斜的锉削运动。（ ）

4. 在薄钢板上钻较大的孔时，为保证钻孔精度，最好使用平底钻或开孔器。（ ）

5. 锉削姿势正确与否，对锉削质量起着决定性影响。（ ）

6. 锯削时锯条运动速度过快、压力太大是锯条折断的主要原因之一。（ ）

四、问答题

钻孔有哪些注意事项？

第七章
其他相关知识

第一节　供电和用电

学习目标

1. 了解发电、输电和配电的基础知识。
2. 了解节约用电的意义。
3. 掌握节约用电的措施。
4. 掌握提高功率因素的方法和意义。

一、发电、输电和配电

1. 发电

利用发电动力装置将非电能（如煤、油、天然气的热能，水能，核能，太阳能等）转换为电能的过程称为发电。

(1) 火力发电

火力发电一般是指利用煤炭和天然气等燃料燃烧时产生的热能来加热水，使水变成高温、高压的水蒸气，再由水蒸气推动汽轮机带动发电机来发电。如建于江苏镇江的国电谏壁发电厂，是我国自行设计、自行安装、自我完善的特大型火力发电厂，目前装机容量为 3 980 MW。

(2) 水力发电

水力发电是利用水位落差的势能，带动水轮发电机发电，如著名的三峡水电站，装机容量达到 2 240 万 kW，现为全世界最大的水力发电站和清洁能源生产基地。

(3) 核能发电

核能发电的核心装置是核反应堆，利用核裂变产生的能源发电。国内知名核电站有秦山核电站、广东大亚湾核电站等。

(4) 风力发电

风力发电就是用风吹动风力发电机，把风能转变为电能。

(5) 太阳能

太阳能是一种干净的可再生的新能源，发电方式有两种，一种是利用太阳能电池将太阳热能直接转化成电能；另一种方式是将太阳热能通过加热水，带动汽轮发电机发电。

2．输电

输电是电力系统整体功能的重要组成环节，发电厂与用户通常都位于不同地区，一般电厂建在水力、煤炭等一次能源资源丰富的地区，通过输电可以将电能输送到远离发电厂的用户。输电是通过输电线来完成，输电线按结构形式可分为架空输电线路和地下输电线路两类。

在输电过程中，输电电压的高低由输电容量和输电距离决定，容量越大、距离越远，输电电压就越高。远距离输电等级有 3 kV、6 kV、10 kV、35 kV、63 kV、110 kV、220 kV、330 kV、500 kV、750 kV 十个等级。

3．配电

配电系统由配电变电所、高压配电线路、配电变压器、低压配电线路以及相应的控制保护设备组成。

电力系统各种电压等级均通过电力变压器来转换，电压升高为升压变压器（变电站为升压站），电压降低为降压变压器（变电站为降压站）。

配电系统中常用的交流供电方式有：三相三线制、三相四线制、单相二线制等。

二、节约用电

电能利用率是用户可利用的有效电能总量与消耗电能总量之比。两者的差值为损耗的电能。

1．节约用电的意义

（1）节约电能，也就是节约发电所需的一次能源，如发电用煤、发电用天然气等不可再生能源，这样既可以减轻能源和交通运输的紧张程度，同时可以减少温室气体的排放，保护环境。

（2）节约电能，可以减少国家在发供用电设备、输送线路上的基建投资。

（3）节约电能，能够减少不必要的电能损失，为企业减少电费支出，降低成本，提高经济效益。

（4）节约用电，也能间接促进节电技术的发展，以及加快新能源、新材料的研发速度。

2．节约用电的措施

节约用电首先要改进技术、提高工艺，采用高效率的电动机和用电设备。采用新的节能设备，如 LED 光源、高效电动机等。根据负荷特性，正确选择变压器的容量，减少变压器的电能损耗。提高用电设备的功率因数，进行无功功率补偿，减少供电线路和变压器的电能损耗等。其次是改进用电管理制度，好的制度也是节约能源的重要措施，最后要求每个人要养成良好的用电习惯，如正确使用用电设备，电脑、电视机、充电器等设备使用后要关掉总开关，不要使用待机状态，做到人走灯灭等。

三、提高功率因数的方法和意义

提高输电网络的功率因数就可以使用相同的线路输送更多的电能，提高功率因数，也就节约了供电设备的基础投入，对国民经济的发展意义重大。

由于 $\cos\varphi = P/S$，提高功率因数就等于提高有功功率的利用率，如电磁镇流式的日光灯，$\cos\varphi$ 只有 0.5。若不提高线路的功率因数，就有 50% 的电能得不到应用。这就增加了输电系统的损耗。

对于感性负载需要通过并联电容去补偿其无功功率；容性负载则需要并联电感进行补偿。日常使用的设备，由于电动机的拥有量巨大，所以一般电路都是感性负载，需要通过并联电容的方法进行功率因数的补偿。

课后练习

一、填空题

1. 利用发电动力装置将__________转换为__________的过程称为发电。

2. 在输电过程中，输电电压的高低由____________________和____________________决定，__________，__________，输电电压就越高。

3. 配电系统由__________、__________、__________、__________以及相应的控制保护设备组成。

二、选择题

1. 电力系统负载大部分是感性负载，要提高电力系统的功率因数常采用（　　）补偿。

A. 串联电容　　B. 并联电容　　C. 串联电感　　D. 并联电感

2. 电力系统中使用的变压器叫（　　）。

A. 仪用变压器　　B. 自耦变压器　　C. 电力变压器　　D. 线间变压器

3. 为了提高设备的功率因数，常在感性负载的两端（　　）。

A. 串联电容器　　B. 并联适当的电容器

C. 串联电感　　D. 并联适当的电感

4. 为了提高设备的功率因数，可采用措施降低供用电设备消耗的（　　）。

A. 有功功率　　B. 无功功率　　C. 电压　　D. 电流

三、问答题

1. 节约用电的意义是什么？

2. 节电措施有哪些？

3. 提高功率因数的方法和意义是什么？

第二节　环境保护

学习目标

1. 了解环境污染与人体健康。

2. 了解电磁污染的种类和危害。

一、环境污染与人体健康

生存环境是人类健康的基础，只有稳定和持续发展的健康生态系统，才能保证人类健康的稳定，而环境污染是人类健康的大敌。对人体健康有影响的环境污染物主要来自工业生产过程中形成的废水、废气、废渣，还包括城市垃圾、汽车尾气等。环境污染物对人体健康影响，一是影响范围大，二是作用时间长，许多有毒物质在环境中及人体内的降解需要几十年或更长的时间。

1. 空气污染对人体的危害

空气的主要成分是氮气和氧气，其中含量21%的氧气是人和动植物最需要的，氧气含量的下降会给人和动物带来不适。如果空气中的硫氧化物、氮氧化物、灰尘等有害气体和灰尘含量过高，就是空气被污染的体现，空气中掺杂的有害物质越多，空气被污染的也就越厉害，对人和动植物的危害也就越大。目前全国的天气预报中开始增加通报PM2. 5的相关值，一些城市长期处于污染，甚至重度污染下。

2. 水污染的影响

水环境污染的后果是严重的，不但使工农业生产受到损失，而且危害水生动、植物的生长，目前许多名贵鱼种如长江刀鱼、鲥鱼几乎绝迹。水源污染使全国肝癌、胃癌、食道癌等消化系统癌症发病率逐年上升。

3. 土地污染

由于农业生产中施用化肥、农药等，都可以使重金属在土壤中大量积累。工业废水、废渣的处理不当，也将对土地产生污染。土壤中的重金属可以通过雨水的渗透进入水体，也可以被农作物吸收，进而对人体及生态系统造成危害。

此外，噪声污染、温室效应、酸雨、光污染、电磁污染也极大地威胁着人类的健康。保护环境已经到了刻不容缓的地步，特别是高污染、高耗能企业的地区，影响更大，使用清洁能源是减少污染的重要途径，在电力供应中使用太阳能、风能、潮汐能、水能，安全使用核电站代替火力发电，也将极大减少电力供应中的污染。

二、电磁辐射污染

随着现代科技的高速发展，一种看不见、摸不着的污染源日益受到各界的关注，这就是电磁辐射污染。科技发达的今天，各种频率的不同能量的电磁波充斥着地球的每一个角落，电磁波不可避免地会对人体构成一定程度的危害。

1. 电磁污染的种类

所有的电子产品或多或少，都会产生一定的电磁污染，常见的电磁辐射有：各种通信设备的发射装置，如广播电台、电视台、移动通信站、雷达、微波通信站、地面卫星通信站；工业、医疗中的各种高频设备，如高频炉、高频理疗机；电力生产传输系统中的高压输电线，发电厂和变电所、变压器电站；家用电器中的计算机、电视机、微波炉、电磁炉等。

2. 电磁污染的危害

电磁辐射污染的危害主要包括对电器设备的干扰和对人体健康的负面影响两大方面。

为了减少电磁污染，常用的解决问题的方法是，在设备中使用屏蔽技术和各种抗干扰措施，在使用各种电气时，掌握正确的使用方法，以及保持合适的安全距离，减小电磁污染的危害。

课后练习

一、填空题

1. 对人体健康有影响的环境污染物主要来自工业生产过程中形成的______、______、______，还包括城市垃圾、汽车尾气等。

2. 土壤中的重金属可以通过雨水的渗透进入______，也可以被农作物______，进而对人体及生态系统造成危害。

二、问答题

1. 环境污染有哪些？

2. 什么是电磁污染？它的危害有哪些？

第三节　5S质量管理

学习目标

1. 掌握5S管理的基本知识。
2. 了解5S的执行。

一、5S管理的基本知识

5S起源于日本，指的是在生产现场中对人员、机器、材料、方法等生产要素进行有效管理的方法，5S指的是日文拼音SEIRI（整理）、SEITON（整顿）、SEISO（清扫）、SEIKETSU（清洁）、SHITSUKE（素养）这五个单词，因为五个单词前面发音都是“S”，所以统称为“5S”。

二、5S管理的执行

1. 整理

将所有物品分成必需品和非必需品，必需品与非必需品严格分开，在岗位上只放置必需物品。

（1）整理的目的：腾出空间，防止误拿误用，塑造清洁的工作场所。

（2）推行要领：对自己工作场所全面检查，制定“要”与“不要”的标准，将必需品的数量降到最低程度，坚决处理掉可有可无的物品。

2. 整顿

将必需品整齐排放，节约寻找时间。

(1) 整顿的目的：使工作场所一目了然，形成井井有条的工作秩序。

(2) 推行要领：彻底地进行整理，确定物品的放置场所，规定放置方法并进行标识，制定废弃物处理制度。

3. 清扫

保持工作场所无垃圾、无灰尘，干净整洁，创造一个一尘不染的环境。

(1) 清扫的目的：清除脏污，保持工作场所干净、整洁，使工作者保持良好的工作情绪，做到稳定品质、零故障、零损耗。

(2) 推行要领：建立责任到人制度，人人参与，杜绝污染源，建立清扫基准。

4. 清洁

将整理、整顿、清扫进行到底，并且标准化、制度化。

(1) 清洁的目的：强化维护上面3S工作。

(2) 清洁的推行要领：落实前面的3S工作，打破以上旧观念，做到“一就是一，二就是二”。制定考核和检查方法及奖惩制度。

5. 素养

通过各种手段，提高员工的文明礼貌水平，增强团队意识。对于规定了的事情，大家都按要求去执行，并养成一种习惯。

(1) 修养的目的：让员工自觉遵守规章制度，养成良好的素质习惯，塑造团队精神。

(2) 修养的推行要领：制定相关的规章制度、教育培训制度和礼仪守则，激发员工的热情和责任感。

课后练习

一、填空题

1. 5S指的是________、________、________、________、________。

2. 清洁是保持工作场所________、________，________，创造一个一尘不染的环境。

二、判断题

1. 5S质量管理是由美国人首先提出的。 ( )

2. 5S是对工厂中工作程序的规范，工人必须严格执行，而领导则可以放宽要求。 ( )

3. 提高团队意识，同样可以提高生产效率。 ( )

4. 在整理物品时，不需要的比较贵重的物品可以先放在车间，不能随便搬动。 ( )

三、问答题

1. 5S管理的内容是什么？

2. 整理的目的和要领是什么？

3. 清扫的目的和要领是什么？

第八章 职业道德和相关法律法规

第一节 职业道德

学习目标

1. 了解职业道德的概念及基本特征。
2. 掌握职业道德的作用以及职业道德规范的内容。
3. 掌握职业道德行为和职业守则的内容。

一、职业道德的概念

职业道德是指从事一定职业的人，在职业活动的整个过程中必须遵循的符合职业特点要求的行为准则、思想情操与道德品质。它既是对从业人员在职业活动中行为的要求，同时又是职业对社会所负的道德责任与道德义务。

人类进入文明社会以来，从来就没有离开过道德，因为道德能保证人类健康生活和持续发展所需要的基本秩序。当人类的生产活动达到了一定的水平，出现了社会分工时，道德就和人类的职业活动联系起来了。

就当代来说，在日常生活中，没有米不行，没有菜不行，没有水不行，没有电不行，生病了，没有药也不行。如果供水公司的员工在水管坏了的时候不及时修理，如果供电公司的员工在电路出现故障的时候不及时排除，如果药厂员工生产出不合格的药品被病人服用，那么我们的生活会是怎样一个状况？既然每个人都需要依赖他人提供的良好服务才能获得良好的生活，那么就需要我们每个人在所从事的职业活动中遵守相应的职业规范，这就是职业道德。

职业道德规定人们在工作中应该做什么，不应该做什么。更重要的是职业道德倡导人们应该如何将工作做到最好，同时给人们的职业活动划定了一条不能突破的底线，如果突破了这一底线，就是不道德，或者叫做“缺德”。

二、职业道德的基本特征

职业道德具有行业性、养成性、他律自律结合性等基本特征。

1. 行业性

职业道德具有所有职业都必须遵循的行为准则，如全心全意为人民服务、掌握技术、通晓业务、忠于职守、献身事业。但更多的是在具体的职业活动中所形成的带有行业特点的行为准则，如“不做假账”适用于会计领域，“除暴安良”适用于司法领域，“为人师表”适用于教育领域，“救死扶伤”适用于医疗领域等。

职业道德的行业性主要表现为：以约束本行业从业人员的职业行为为主，对其他行业不具有约束力。职业道德的行业性特征鲜明地表达了本行业的职业义务，如军人必须无条件服从命令，记者要忠于事实，教师应热爱学生、诲人不倦。

2. 养成性

职业道德不会自发产生，一个人如果要成为一个职业道德高尚的从业者，就需要有一个从认识职业道德规则到养成职业道德行为习惯和职业道德信念的过程。比如一个商人要真正做到“货真价实，童叟无欺”，首先要知晓这个规则的重要意义。但仅仅知晓还不够，经营过程中，商人必定会遭遇同行竞争、成本上升、顾客挑剔、利益诱惑等各种情况。这时就需要商人设置道德良心的底线并具备恪守规则的意志，才能将“货真价实，童叟无欺”落实到行为中，并形成内心的道德信念。

3. 他律自律结合性

职业道德对从业人员的职业行为有引导、规范和约束作用，从业人员如果违反了职业道德，就会受到同行、社会的谴责，甚至会因此而失去相应的从业资格。这就是职业道德的他律性。

职业道德得到从业人员内心的认同、敬畏和尊崇，从业人员自觉依据职业道德对自身利益和欲望加以节制。这就是职业道德的自律性。正如德国伟大哲学家康德墓志铭上的话：“这个世界唯有两样东西能让我们的心灵感到深深的震撼，一是我们头顶上灿烂的星空，一是我们内心尊崇的道德法则！”

三、职业道德的作用

1. 利益调节

利益调节是职业道德最重要的社会作用。在社会生活中，各种利益关系大多通过职业关系体现出来，而且经常会发生冲突。如果从业人员为了自身的生存和发展而选择有利于自我的职业行为，那么职业之间就会产生利益冲突，而这种冲突的结果必定导致各方利益共同受损。在这种情况下，职业道德就是让大家共同选择必要的节制和牺牲，从而保证职业体系的良好运行和发展。

2. 培养职业信誉

一个企业的信誉，也就是它的形象和信用，是指企业及其产品与服务在社会公众中被信任的程度。提高企业的信誉主要靠其所提供的产品和服务的质量，而这种质量又与企业员工的职业道德水平的高低密切相关。若企业员工的职业道德水平不高，就很难生产出优质的产品，很难提供优质的服务；反之亦然。

3. 提高社会道德水平

职业道德是整个社会道德体系的主要内容。一方面，职业道德涉及每个从业者如何对待职业，如何对待工作，具有较强的稳定性和连续性；另一方面，职业道德决定着一个职业集体，甚至一个行业全体人员的行为表现。如果每个行业、每个职业集体都具备优良的职业道德，那么整个社会的道德水平就会随之提高。时传祥“宁肯一人脏，换来万家净”的精神不但提升了整个环卫系统的职业道德水平，还带动了一个时代的敬业热潮，使得“工人伟大，劳动光荣”被社会广泛认可。

4. 践行社会主义核心价值观

职业道德既是对从业人员在职业活动中行为的要求，同时又是社会主流价值观在职业活动中的具体体现。党的十八大提出要倡导富强、民主、文明、和谐，倡导自由、平等、公正、法治，倡导爱国、敬业、诚信、友善，积极培育和践行社会主义核心价值观。这是当代中国人民共同的价值取向，体现在社会主义道德体系和社会生活的方方面面。如果每个从业者都能在职业活动中遵循职业道德，都能从我做起、从今天做起、从点滴做起，就能自觉践行这种共同的价值追求，就能把这种共同的价值追求内化为自己的行为指南。我们的国家和民族就会由此产生巨大的凝聚力，中华民族伟大复兴中国梦的实现也就有了巨大的精神保证。对各种利益关系进行合理调节是职业道德最重要的作用，同时也是最基本的作用。如果人们将各自利益作为各自的最高价值追求，那么职业道德的这种利益调节作用就会大打折扣。因此，只有在社会主义核心价值观的引领下，人们才能更好地恪守职业道德、培植职业信誉，推动整个社会道德水平不断提升。而人们对职业道德的恪守和敬畏恰恰又是社会主义核心价值观内化于心、外化于行的具体实践。

四、职业道德规范

1. 集体主义原则

集体主义是社会主义道德建设的原则，是社会主义职业道德最根本的规范，在社会主义职业道德规范体系中起统率作用。集体主义原则要求从业者能够正确处理国家、集体和个人三者之间的利益关系。不侵犯国家利益和集体利益，提倡从业者在职业活动中首先维护国家利益和集体利益，不苛求个人利益，甚至牺牲个人利益。

2. 爱岗敬业

爱岗，就是热爱自己的本职工作，能够为做好本职工作尽心尽力。敬业指的是要用一种恭敬严肃的态度来对待自己的职业，就是要对自己的工作专心、负责任。

爱岗敬业是指立足本职岗位，乐业、勤业、精业，恪尽职守，以最高的标准完成本职工作，并从中获得职业的社会价值。

3. 诚实守信

诚信是良好品德的基础，是中华民族的传统美德。诚信就是诚实守信。诚实是一种内在品质，守信是一种外在行为。作为职业道德规范，诚实守信是指诚实待人，诚实做事，表里如一，信守诺言；不文过饰非，不弄虚作假，不阳奉阴违，不背信弃义。

4. 办事公道

办事公道就是要求从业者站在公平公正的立场上，用同一原则、同一标准来办理事务、处理问题。普通从业者可能认为，办事公道主要是针对有一定职权的人提出的，这是不对的。每一个从业者都面临一个办事是否公道的问题。因为一个人不管是在什么岗位上，不管有无一定的权力，都要与人打交道，都要处理各种关系，也就都无法回避“公道”二字。例如，一个服务员接待顾客不以貌取人，无论是对那些衣着华贵的顾客还是对那些衣着平平的顾客，都能一视同仁，这就是办事公道；无论是对那些一次购买上万元商品的大主顾，还是对那些一次只买几元钱商品的“小”顾客，都同样热情服务，这就是办事公道；一个班组内，同事之间在工作上评判是非、沟通合作遵循既定的规则，不因关系的远近亲疏而有所改变，这就是办事公道。

从业者如果办事不公，实际上就可能把那些应该服务于全社会的职业，变成只服务于某一部分人的职业，甚至变成谋取个人或小团体私利的工具，使这些职业的社会性质发生扭曲。从这个意义上说，办事是否公道，是检验大到一个国家、一个地区、一个行业，小到一个企业、一个部门、一个岗位的职业风尚是否优良的基本标准。

5. 服务群众与奉献社会

服务群众与奉献社会这两个职业道德规范，一个是从服务的具体对象角度提出的，另一个是从服务的理想境界角度提出的。社会由群众组成，要很好地服务群众，就要有奉献精神，之所以要在职业活动中无私奉献，就是为了让群众满意，使社会和谐。

五、养成良好的职业道德行为

养成良好的职业道德行为，就是要把职业道德原则和规范落实到职业活动中去，做到言行一致、知行统一，进而形成高尚的职业道德品质，达到崇高的职业道德境界。

1. 保持良知

良知是人们具有的最基本的道德素质，包括敬畏感、羞耻心和感恩心。敬畏是对道德规范的高度认同，羞耻是抵御不良行为的底线，感恩则是践行道德规范的动力。

2. 见贤思齐

孔子认为道德修养的关键之一是“见贤思齐”。“贤”，一是指品德高尚的人，二是指好的品行；“齐”，就是学习、看齐。每个人都有自己尊崇的职业道德榜样，每个行业和企业也都有自己树立的道德楷模。榜样的作用除了示范、引导外，还具有巨大的人格感召力，对人的心灵有着潜移默化的净化功能。因此，结合自己的专业和未来的职业领域，确定一个职业道德楷模作为自己的偶像，可以让自己时时刻刻有一面精神明镜、有一个行为向导，可以大大缩短良好职业行为养成的时间，避免走弯路。

3. 内省与克己

内省就是依据职业道德规范，自己进行反省和检讨；克己就是按照职业道德规范约束自己的行为，克服不足之处。内省实际上是一种自我观察、自我评价的过程，而道德规范则是自我观察的参照和自我评价的尺度；克己实际上是一个自我纠正的行为过程，是内省结果在行为上的表现。善于内省者明，善于克己者强。一个人如果在职业活动中能长期内省克己，就能形成坚韧顽强的道德意志，在遭遇道德障碍时就能恪守原则，其良好的职业道德行为也就更容易形成习惯，更容易将职业道德规范转化为自己的信念。

4. 慎独

“慎”就是谨慎、警觉的意思；“独”是指没有人看见，自己独处。慎独就是指在没人看见、无人监督的情形下，不仅不放松自己，反而更加警觉，坚持自己的道德信念。慎独是一种无时不在、无处不在的道德自觉和自由，是一种较高层次上的道德修养。一个人如果能长久地坚持慎独的修养方法，就能锻炼道德修养的主动意识，真正使道德修养成为自我的内在要求，从而达到理想的道德境界。

随着社会经济的发展，分工越来越细，专业化程度越来越高，许多行业、企业和部门职业活动的相对独立性也就随之增强，有些职业活动和工作任务甚至完全需要个人的独立操作。在这种情况下，慎独就显得非常重要。

六、职业守则

1. 遵守法律、法规和有关规定。
2. 爱岗敬业，具有高度的责任心。
3. 严格执行工作程序、工作规范、工艺文件和安全操作规程。
4. 工作认真负责，团结合作。
5. 爱护设备及工具。
6. 着装整洁，符合规定；保持工作环境清洁有序，文明生产。

课后练习

一、填空题

1. 职业道德是指从事一定职业的人，在职业活动的整个过程中必须遵循的符合职业特点要求的__________、__________与__________。

2. 职业道德具有__________、__________、__________等基本特征。

3. 职业道德规范包括集体主义原则、__________、诚实守信、__________、服务群众与奉献社会。

二、问答题

1. 简述职业道德的作用。
2. 简述职业道德行为的内容。
3. 简述职业守则的内容。

第二节 电业法律、法规及劳动合同法

学习目标

1. 熟悉电力法的主要条款。
2. 熟悉电力供应与使用条例的主要条款。
3. 掌握劳动合同法的主要条款。

一、我国电力法律、法规体系

我国电力法律、法规体系除了国家的根本大法《宪法》以外，主要还包括《中华人民共和国电力法》以及和它配套的《电力供应与使用条例》《电力设施保护条例》《电网调度管理条例》和《电力监管条例》等，相关法规规定了供、用电中的有关规定，以及供、用电过程中常见的法律纠纷及纠纷的处理等。下面简要介绍《中华人民共和国电力法》和《电力供应与使用条例》的有关内容。

二、《中华人民共和国电力法》

《中华人民共和国电力法》由中华人民共和国第八届全国人民代表大会常务委员会第十七次会议，于 1995 年 12 月 28 日通过，自 1996 年 4 月 1 日起施行，2009 年 8 月 27 日根据《全国人民代表大会常务委员会关于修改部分法律的决定》修订。它是为了保障和促进电力事业的发展，维护电力投资者、经营者和使用者的合法权益，保障电力安全运行制定的法律。本法适用于中华人民共和国境内的电力建设、生产、供应和使用活动。全文共十章，七十五个条款。

1. 电力建设

（1）电力发展规划应当根据国民经济和社会发展的需要制定，并纳入国民经济和社会发展计划。应当体现合理利用能源、电源与电网配套发展、提高经济效益和有利于环境保护的原则。

（2）城市电网的建设与改造规划，应当纳入城市总体规划。城市人民政府应当按照规划，安排变电设施用地、输电线路走廊和电缆通道。任何单位和个人不得非法占用变电设施用地、输电线路走廊和电缆通道。

（3）地方人民政府应当根据电力发展规划，因地制宜，采取多种措施开发电源，发展电力建设。

（4）电力投资者对其投资形成的电力，享有法定权益。并网运行的，电力投资者有优先使用权；未并网的自备电厂，电力投资者自行支配使用。

（5）电力建设项目不得使用国家明令淘汰的电力设备和技术。

2. 电力生产与电网管理

（1）电力生产与电网运行应当遵循安全、优质、经济的原则。电网运行应当连续、稳定，保证供电可靠性。

（2）电力企业应当加强安全生产管理，坚持安全第一、预防为主的方针，建立、健全安全生产责任制度。电力企业应当对电力设施定期进行检修和维护，保证其正常运行。

（3）电网运行实行统一调度、分级管理。任何单位和个人不得非法干预电网调度。

（4）国家提倡电力生产企业与电网、电网与电网并网运行。

3. 电力供应与使用

（1）申请新装用电、临时用电、增加用电容量、变更用电和终止用电，应当依照规定的程序办理手续。

（2）电力供应与使用双方应当根据平等自愿、协商一致的原则，按照国务院制定的电力供应与使用办法签订供用电合同，确定双方的权利和义务。

（3）供电企业在发电、供电系统正常的情况下，应当连续向用户供电，不得中断。因供电设施检修、依法限电或者用户违法用电等原因，需要中断供电时，供电企业应当按照国家有关规定事先通知用户。

（4）用户应当安装用电计量装置。用户受电装置的设计、施工安装和运行管理，应当符合国家标准或者电力行业标准。

（5）用户用电不得危害供电、用电安全和扰乱供电、用电秩序。

4. 电价与电费

（1）电价实行统一政策，统一定价原则，分级管理。

（2）任何单位不得超越电价管理权限制定电价。

（3）禁止任何单位和个人在电费中加收其他费用；但是，法律、行政法规另有规定的，按照规定执行。

（4）禁止供电企业在收取电费时，代收其他费用。

5. 农村电力建设和农业用电

（1）国家对农村电气化实行优惠政策，对少数民族地区、边远地区和贫困地区的农村电力建设给予重点扶持。

（2）国家提倡农村开发水能资源，建设中、小型水电站，促进农村电气化。

（3）农业用电价格按照保本、微利的原则确定。

6. 电力设施保护

（1）不得危害发电设施、变电设施和电力线路设施及其有关辅助设施。

（2）不得在依法划定的电力设施保护区内修建可能危及电力设施安全的建筑物、构筑物，不得种植可能危及电力设施安全的植物，不得堆放可能危及电力设施安全的物品。

（3）需要在依法划定的电力设施保护区内进行可能危及电力设施安全的作业时，应当经电力管理部门批准并采取安全措施后，方可进行作业。

7. 监督检查

（1）电力管理部门依法对电力企业和用户执行电力法律、行政法规的情况进行监督检查。

（2）电力管理部门根据工作需要，可以配备电力监督检查人员。

电力监督检查人员应当公正廉洁，秉公执法，熟悉电力法律、法规，掌握有关电力专业技术。

（3）电力监督检查人员进行监督检查时，有权向电力企业或者用户了解有关执行电力法律、行政法规的情况，查阅有关资料，并有权进入现场进行检查。

（4）电力监督检查人员进行监督检查时，应当出示证件。

8. 法律责任

（1）电力企业或者用户违反供用电合同，给对方造成损失的，应当依法承担赔偿责任。

（2）因电力运行事故给用户或者第三人造成损害的，电力企业应当依法承担赔偿责任。

（3）有下列行为之一，应当给予治安管理处罚的，由公安机关依照治安管理处罚法的有关规定予以处罚；构成犯罪的，依法追究刑事责任。

1）阻碍电力建设或者电力设施抢修，致使电力建设或者电力设施抢修不能正常进行的。

2）扰乱电力生产企业、变电所、电力调度机构和供电企业的秩序，致使生产、工作和营业不能正常进行的。

3）殴打、公然侮辱履行职务的查电人员或抄表收费人员的。

4）拒绝、阻碍电力监督检查人员依法执行职务的。

第十章附则，规定了本法自 1996 年 4 月 1 日起施行。

三、《电力供应与使用条例》

《电力供应与使用条例》于 1996 年 4 月 17 日国务院令第 196 号发布，自 1996 年 9 月 1 日起实施。它是根据《中华人民共和国电力法》制定的具体执行文件。全文共九章，四十五个条款。制定本条例的目的是为了加强电力供应与使用的管理，保障供电、用电双方的合法权益，维护供电、用电秩序，安全、经济、合理地供电和用电。

1. 国家对电力供应和使用实行安全用电、节约用电、计划用电的管理原则。供电企业和用户应当遵守国家有关规定，采取有效措施，做好安全用电、节约用电、计划用电工作。

2. 供电企业和用户应当根据平等自愿、协商一致的原则签订供用电合同。

3. 电力管理部门应当加强对供用电的监督管理，协调供用电各方关系，禁止危害供用电安全和非法侵占电能的行为。

4. 用户受电端的供电质量应当符合国家标准或者电力行业标准。

5. 供电方式应当按照安全、可靠、经济、合理和便于管理的原则，由电力供应与使用双方根据国家有关规定以及电网规划、用电需求和当地供电条件等因素协商确定。在公用供电设施未到达的地区，供电企业可以委托有供电能力的单位就近供电。未经供电企业委托，任何单位不得擅自向外供电。

6. 除本条例另有规定外，在发电、供电系统正常运行的情况下，供电企业应当连续向用户供电；因故需要停止供电时，应当按照下列要求事先通知用户或者进行公告：因供电设施计划检修需要停电时，供电企业应当提前 7 天通知用户或者进行公告；因供电设施临时检修需要停止供电时，供电企业应当提前 24 小时通知重要用户；因发电、供电系统发生故障需要停电、限电时，供电企业应当按照事先确定的限电序位进行停电或者限电。引起停电或者限电的原因消除后，供电企业应当尽快恢复供电。

7. 用户不得有下列危害供电、用电安全，扰乱正常供电、用电秩序的行为。

（1）擅自改变用电类别。

（2）擅自超过合同约定的容量用电。

（3）擅自超过计划分配的用电指标。

（4）擅自使用已经在供电企业办理暂停使用手续的电力设备，或者擅自启用已经被供电企业查封的电力设备。

（5）擅自迁移、更动或者擅自操作供电企业的用电计量装置、电力负荷控制装置、供电设施以及约定由供电企业调度的用户受电设备。

（6）未经供电企业许可，擅自引入、供出电源或者将自备电源擅自并网。

8．禁止以下窃电行为。

（1）在供电企业的供电设施上，擅自接线用电。

（2）绕越供电企业的用电计量装置用电。

（3）伪造或者开启法定的或者授权的计量检定机构加封的用电计量装置封印用电。

（4）故意损坏供电企业用电计量装置。

（5）故意使供电企业的用电计量装置计量不准或者失效。

（6）采用其他方法窃电。

四、《中华人民共和国劳动合同法》

现行的《中华人民共和国劳动合同法》于2007年6月29日第十届全国人民代表大会常务委员会第二十八次会议通过，自2008年1月1日起施行。2012年12月28日通过《全国人民代表大会常务委员会关于修改〈中华人民共和国劳动合同法〉的决定》，由中华人民共和国第十一届全国人民代表大会常务委员会第三十次会议通过，自2013年7月1日起施行。

《中华人民共和国劳动合同法》规定，订立劳动合同应当遵循合法、公平、平等自愿、协商一致、诚实信用的原则。依法订立的劳动合同具有约束力，用人单位与劳动者应当履行劳动合同约定的义务。

劳动合同分为固定期限劳动合同、无固定期限劳动合同和以完成一定工作任务为期限的劳动合同。劳动合同由用人单位与劳动者协商一致，并经用人单位与劳动者在劳动合同文本上签字或者盖章生效。劳动合同文本由用人单位和劳动者各执一份。

1．劳动合同应具备的条款

根据《中华人民共和国劳动合同法》第十七条规定，劳动合同应当具备以下条款。

（1）用人单位的名称、住所和法定代表人或者主要负责人。

（2）劳动者的姓名、住址和居民身份证或者其他有效身份证件号码。

（3）劳动合同期限。

（4）工作内容和工作地点。

（5）工作时间和休息休假。

（6）劳动报酬。

（7）社会保险。

（8）劳动保护、劳动条件和职业危害防护。

（9）法律、法规规定应当纳入劳动合同的其他事项。

2．劳动合同的解除

根据《中华人民共和国劳动合同法》第四十条规定，有下列情形之一的，用人单位提前三十日以书面形式通知劳动者本人或者额外支付劳动者一个月工资后，可以解除劳动合同。

（1）劳动者患病或者非因工负伤，在规定的医疗期满后不能从事原工作，也不能从事由用人单位另行安排的工作的。

（2）劳动者不能胜任工作，经过培训或者调整工作岗位，仍不能胜任工作的。

（3）劳动合同订立时所依据的客观情况发生重大变化，致使劳动合同无法履行，经用人单位与劳动者协商，未能就变更劳动合同内容达成协议的。

3. 企业裁减人员的相关规定

根据《中华人民共和国劳动合同法》第四十一条规定，有下列情形之一，需要裁减人员二十人以上或者裁减不足二十人但占企业职工总数百分之十以上的，用人单位提前三十日向工会或者全体职工说明情况，听取工会或者职工的意见后，裁减人员方案经向劳动行政部门报告，可以裁减人员。

（1）企业裁员的条件

1）依照企业破产法规定进行重整的。

2）生产经营发生严重困难的。

3）企业转产、重大技术革新或者经营方式调整，经变更劳动合同后，仍需裁减人员的。

4）其他因劳动合同订立时所依据的客观经济情况发生重大变化，致使劳动合同无法履行的。

（2）裁减人员时应当优先留用下列人员

1）与本单位订立较长期限的固定期限劳动合同的。

2）与本单位订立无固定期限劳动合同的。

3）家庭无其他就业人员，有需要扶养的老人或者未成年人的。

用人单位依照本条第一款规定裁减人员，在六个月内重新招用人员的，应当通知被裁减的人员，并在同等条件下优先招用被裁减的人员。

（3）不得解除劳动合同的有关规定

根据《中华人民共和国劳动合同法》第四十二条规定，劳动者有下列情形之一的，用人单位不得依照本法第四十条、第四十一条的规定解除劳动合同。

1）从事接触职业病危害作业的劳动者未进行离岗前职业健康检查，或者疑似职业病病人在诊断或者医学观察期间的。

2）在本单位患职业病或者因工负伤并被确认丧失或者部分丧失劳动能力的。

3）患病或者非因工负伤，在规定的医疗期内的。

4）女职工在孕期、产期、哺乳期的。

5）在本单位连续工作满十五年，且距法定退休年龄不足五年的。

6）法律、行政法规规定的其他情形。

4. 劳动合同自然终止的规定

根据《中华人民共和国劳动合同法》第四十四条规定，有下列情形之一的，劳动合同终止。

（1）劳动合同期满的。

（2）劳动者开始依法享受基本养老保险待遇的。

（3）劳动者死亡，或者被人民法院宣告死亡或者宣告失踪的。

（4）用人单位被依法宣告破产的。

（5）用人单位被吊销营业执照、责令关闭、撤销或者用人单位决定提前解散的。

（6）法律、行政法规规定的其他情形。

5．用工单位的义务

根据《中华人民共和国劳动合同法》第六十二条规定，用工单位应当履行下列义务。

（1）执行国家劳动标准，提供相应的劳动条件和劳动保护。

（2）告知被派遣劳动者的工作要求和劳动报酬。

（3）支付加班费、绩效奖金，提供与工作岗位相关的福利待遇。

（4）对在岗被派遣劳动者进行工作岗位所必需的培训。

（5）连续用工的，实行正常的工资调整机制。

（6）用工单位不得将被派遣劳动者再派遣到其他用人单位。

劳动合同是以合同的形式，明确了劳动者和用工单位之间的权利和义务，是确定劳动关系的重要依据，签订劳动合同是劳动者实现劳动权的重要保障；是用人单位合理使用劳动力、巩固劳动纪律、提高生产效率的有效手段；劳动合同也是减少和防止发生劳动争议的重要措施。

课后练习

一、填空题

1．我国电力法律、法规体系除了国家的根本大法《宪法》以外，主要还包括__________、__________、__________、《电网调度管理条例》和《电力监管条例》等。

2．窃电行为包括__________、__________、伪造或者开启法定的或者授权的计量检定机构加封的用电计量装置封印用电、________、__________、采用其他方法窃电。

3．逾期未交付电费，可以从逾期之日起，每日按照电费总额的__________加收违约金。

二、选择题

1．劳动安全卫生管理制度对未成年工给予了特殊的劳动保护，规定严禁一切企业招收未满（　　）的童工。

A．14 周岁　　B．15 周岁　　C．16 周岁　　D．18 周岁

2．劳动者的基本权利包括（　　）等。

A．完成劳动任务　　B．提高职业技能

C．请假外出　　D．提请劳动争议处理

3．劳动者的基本义务包括（　　）等。

A．提高职业技能　　B．获得劳动报酬

C．休息　　D．休假

三、判断题

1．劳动安全是指生产劳动过程中，防止危害劳动者人身安全的伤亡和急性中毒事故。（　　）

2．劳动安全卫生管理制度对未成年工给予了特殊的劳动保护，这其中的未成年工是指

年满16周岁未满18周岁的人。 ( )

3．劳动者的基本义务中不应包括遵守职业道德。 ( )

4．劳动者患病或负伤，在规定的医疗期内的，用人单位可以解除劳动合同。 ( )

5．劳动者具有在劳动中获得劳动安全和劳动卫生保护的权利。 ( )

四、问答题

1.《电力供应与使用条例》中规定，用户不得有哪些危害供电、用电安全，扰乱正常供电、用电秩序的行为？

2.《中华人民共和国劳动合同法》规定，劳动合同应当具备哪些条款？

3.《中华人民共和国劳动合同法》规定，用工单位应当履行哪些义务？